智能装备
数字化虚拟
调试仿真

—————— 基于 NX-MCD

张义文　张心明　宋林森　等 编著

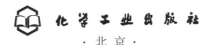

化学工业出版社

·北京·

内容简介

本书从虚拟调试的基本概念出发，通过实际案例，深入浅出地介绍了 NX-MCD 与虚拟 PLC、虚拟数控系统和虚拟机器人控制器之间的联合虚拟调试。主要内容包括：数字化虚拟调试仿真、数字样机建模、单机设备虚拟调试仿真，新能源动力电池的激光清洗设备、涂胶装配、产线虚拟调试，以及数字镜影技术与数字孪生技术等。

本书适合制造型企业、智能制造服务型企业数字化产线规划与仿真人员使用，也可作为高等院校智能制造、工业工程、物流工程等专业工业仿真教材。

图书在版编目（CIP）数据

智能装备数字化虚拟调试仿真：基于 NX-MCD /
张义文等编著. —北京：化学工业出版社，2024.4
ISBN 978-7-122-45054-8

I. ①智… II. ①张… III. ①机电一体化-数字化
IV. ①TH-39

中国国家版本馆 CIP 数据核字（2024）第 032931 号

责任编辑：韩亚南　　　　　　　　装帧设计：王晓宇
责任校对：边　涛

出版发行　化学工业出版社
　　　　　（北京市东城区青年湖南街 13 号　邮政编码 100011）
印　　装　高教社（天津）印务有限公司
787mm×1092mm　1/16　印张 13½　字数 349 千字
2024 年 5 月北京第 1 版第 1 次印刷

购书咨询：010-64518888　　　　　售后服务：010-64518899
网　　址：http://www.cip.com.cn
凡购买本书，如有缺损质量问题，本社销售中心负责调换。

定　　价：99.00 元　　　　　　　　版权所有　违者必究

前言

21 世纪以来，信息技术飞速发展，尤其是互联网技术与制造技术的融合，制造业呈现数字化、智能化趋势，定制化、分散化生产方式开始兴起，使得 20 世纪 80 年代产生的智能制造的概念逐步得以实现。如今，激烈的竞争和快速变化的市场需求给制造业提出了更多苛刻的要求，而新一代信息技术正有助于提高制造的灵活性，使得制造商能够以更快的速度和更低成本制造出市场所需的产品，实现这一目标很关键的一个技术就是虚拟调试。

NX-MCD（本书使用的是 NX2206 版本）是虚拟调试常用的软件，它是一款特别用来加速产品设计及运动仿真的多学科系统应用软件，集成上游和下游工程领域，基于系统级产品需求、性能需求等，提供了针对由机械部件、电气部件和软件自动化所组成的产品概念模型进行功能设计的途径。使用 NX-MCD 进行虚拟调试，可以在项目早期阶段发现故障点，保证生产节拍，从而降低风险成本，提高工程质量。

在本书的编写过程中，长春理工大学张义文负责全书的架构和统筹，佛山科学技术学院张心明、长春理工大学宋林森、吉林大学于征磊、一汽模具制造有限公司尚校和刘菁茹、中国第一汽车集团有限公司阮守新、一汽大众发传中心李鑫、西门子工业软件（上海）有限公司费建东以及长春理工大学王红平、姜彬、孙志超、叶耀旭参加编写。随书附赠案例的源文件素材，读者可下载使用（https://pan.baidu.com/s/1sFP1-jXePyMUbg7RNSI8XA，提取码：1218）。

感谢吉林省、长春市重大科技专项：电动汽车电驱系统智能核心装备开发与应用（20220301029GX）、2023 年吉林省高教重点自筹课题：液压与气压传动数字化教学资源平台建设研究（JGJX2023C25）等项目资助。

工艺技术、信息化技术及 NX-MCD 软件产品在不断发展，本书内容难免存在不足之处，恳请广大读者给予批评指正。

编著者

目 录

第 5 章 新能源动力电池激光清洗设备虚拟调试 115

第1章

数字化虚拟调试仿真在智能制造中的作用

本章将从虚拟调试的基本概念入手,分析虚拟调试的应用特点和现状,接着介绍虚拟调试的搭建过程,分析虚拟调试的关键技术和优势以及虚拟调试在智能制造中的作用,最后畅想虚拟调试的未来。

1.1 数字化虚拟调试仿真

1.1.1 数字化虚拟调试仿真的概念

生产系统包括工厂或设施中的所有生产线和单元,调试这些系统通常发生在安装时或者升级套件时。调试机器、单元或者生产线,需要验证机器的各部分能否协同工作以产生期望的结果。在过去,这种验证需要等待整个系统实施完成后才能开始。不管是在设备制造商的工厂还是在客户的工厂中,需要实现机械硬件、可编程逻辑控制器(PLC)、驱动硬件和人机交互界面 HMI 等集成测试满足设计要求,当这些零部件组成整体通过测试验证后,才认为调试结束。传统上,生产系统的调试大多是通过实物测试,测试生产系统在启动、关闭、大批量生产等不同假想工况下的运行情况,工程师通过测试发现运行中的问题,从而提出新的解决方案。这种方法看起来很有效,但在物理(实物)调试过程中发现并解决问题,人力、物力和时间成本都非常高。在调试过程中花费的额外时间可能会导致机器交付延期,而且系统后期如果需要更改,会受到很大的限制,因为留给工程师的设计空间很小。考虑到这些问题,现今很多公司都在应用新的测试解决方案,早发现问题,早解决,从而节约成本,虚拟调试应运而生。

虚拟调试就是把虚拟的产线模型与真实的控制设备进行连接,目的是对复杂生产系统进行功能测试。虚拟设备的模型是指通过数字化技术建立的与真实设备完全相同的模型,这些模型可以完全映射真实的工作场景,执行我们设置好的程序,也就是说它们的动作可以和现实的动作一模一样,通过仿真环境与 PLC 等自动化设备的结合,完成对 PLC 程序和机器人离线程序的调试与优化,实现机械设计和工艺仿真的提前验证,可以在早期阶段就发现故障点,保证生产节拍,从而降低风险成本,提高工程质量。

1.1.2 数字化虚拟调试仿真的应用特点

虚拟调试是在仿真环境的基础上，通过添加相应的 Sensors（传感器），Smart Component（智能组件），Logic Block（逻辑块），Operations（操作），Material Flow（物料流）等，使设备智能化，结合 PLC 程序和机器人离线程序，进行 Robot Check（机器人检查），使线体自动运行起来，进而验证机器人程序的逻辑性和 PLC 程序的逻辑性与安全性，检测生产线的节拍等。

生产设备的调试是非常耗时耗力的，其中一个重要原因是，调试只能在生产线安装完成后才能开始。虚拟调试则不同，采用虚拟调试技术可通过减少现场调试时间进而缩短项目整个周期，并且能降低前期设计错误带来的风险、提高项目实施的可靠性。

1.1.3 数字化虚拟调试仿真的应用现状

虚拟调试在各行各业中的应用状况非常不同。在需要动用大型加工设备的汽车制造行业，虚拟调试几乎已经成为标配。但在中小型制造企业中，传统调试仍然是普遍的调试编程方式。

其实，推行虚拟调试对中小型企业也大有裨益。项目复杂程度越高，其投资回报率就越高。当中小企业遇到以下情况可以优先考虑虚拟调试：项目中涉及很多控件；加工的工件价格昂贵，成本高；工期要求紧，交付时间短；机器人系统的路径规划复杂等。

1.2 数字化虚拟调试仿真系统的搭建过程

如图 1-1 所示，一个典型的虚拟调试项目的实施步骤通常是这样的：首先，工程师需要规划好生产线的布局和设备资源。布局搭建后，需验证布局，例如可达性和碰撞。接着，工程师应优化机器的动作流程。集成好数据模型后，下一步是工艺仿真程序，分析加工的路径与工艺参数，对机器人或机床设备编程验证。最后进入调试阶段，接入机电信号，与电器行为同时调试验证，比如传感器、阀门、PLC 程序和 HMI 软件等。虚拟调试系统可分软件在环（SIL）与硬件在环（HIL）两类环境。SIL 把所有设备资源虚拟化，由虚拟控制器、虚拟 HMI、虚拟 PLC 模拟器、虚拟信号及算法软件等进行模拟仿真。HIL 则是把全部设备硬件连接到仿真环境中，

图 1-1 虚拟调试流程

使用真实物理控制器、真实 HMI、真实的 I/O 信号与虚拟环境交互仿真。在 SIL 环境中验证通过后，可替换任一虚拟资源为真实设备，进行部分验证，最终全替换为 HIL，完成物理与虚拟映射的调试。

1.2.1　数字化虚拟调试仿真硬件系统

将一个实物 PLC 或 HMI 设备连接到数字仿真，测试时使用物理 PLC 或 HMI 设备作为控制输入，实时运行仿真，这种方式称为"硬件在环"。因此进行硬件在环虚拟调试需要的硬件主要包括：计算机（用于编程和下载程序）、真实 PLC、真实 HMI 等。

1.2.2　数字化虚拟调试仿真软件系统

虚拟调试还有一种方式叫做软件在环虚拟调试，它可以在项目最初的阶段就开始进行。由于所有设备部件都存在于软件模型中，工程师可以在数字领域就开始进行调试，然后通过之后实物调试的结果来验证数字虚拟调试的结果。目前主流的虚拟调试软件包括德国 EKS、FASTSUITE、西门子 PDPS、法国达索 DELMIA、挪威 Visual Components，此外还有 Maplesim 及工厂仿真软件 Factory IO 等。

（1）德国 EKS

EKS 虚拟调试系统由真实 PLC、安全模拟盒 FSBOX、虚拟 PLC 和服务器 DS、电控行为模块 ViPer、虚拟三维显示模块 YAMS、机器人虚拟控制器 RobSim 组成。KUKA 可以使用 EKS 自身的虚拟控制器，而 FANUC、ABB、MOTOMAN 都有相应的接口可以使用各个机器人公司虚拟仿真软件作为虚拟控制端，如图 1-2 所示。

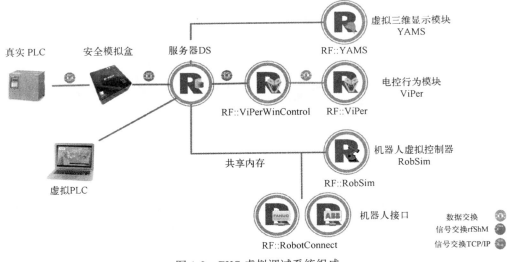

图 1-2　EKS 虚拟调试系统组成

（2）FASTSUITE

FASTSUITE（飞思德）是德国软件上市公司 CENIT 集三十余年数字化领域的丰富经验，自主研发并不断完善的一款 CAM 软件，可以为系统集成商及终端客户的各品牌机器人和数控设备提供定制化编程。

软件可应用于项目规划、仿真、编程与虚拟调试（包括 PLC）阶段，飞思德具备极佳的开放性和可扩展性，可以与不同 CAD/CAM 软件进行协作，可以被灵活纳入不同的 PLM（产品生命周期管理）系统（包括 SAP PLM），为上下游生产环节提供最佳的数字连接。图 1-3 所示为 FASTSUITE 虚拟调试的架构。

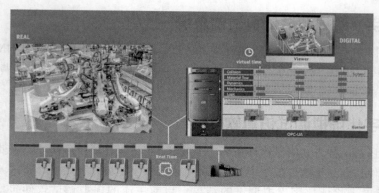

图 1-3　FASTSUITE 虚拟调试架构

（3）西门子 PDPS

PDPS（Process Designer & Process Simulate）是西门子 Tecnomatix 软件下的模拟仿真和虚拟调试部分，其主要运用于汽车及自动化产线上，图 1-4 所示为 Process Simulate 软件界面。

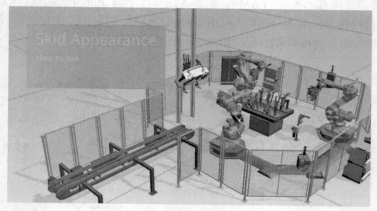

图 1-4　Process Simulate 软件界面

Tecnomatix 是德国西门子公司开发的一套全面的数字化制造解决方案组合工具，可帮助企业对制造及生产流程进行数字化改造。Tecnomatix 包括 Process Designer、Process Simulate（PS）、Plant Simulation 和 RobotExpert 等组件，分别用于制造过程设计、制造过程仿真、工厂仿真和机器人仿真。

通常机器人、夹具、传输设施的安装时间不一致，PLC 程序要在这些设备安装完成后才可进行整体调试。在 PS 中，这些设备都可制作模型仿真，整线验证时间大大提前。检测生产线长时间运行状态，可模拟线体长时间不间断生产，从而方便评估程序的稳定性，易于找出程序存在的问题。可同步调整触摸屏画面，线体运行状态、机器人设备信息、报警信息等触摸屏画面内容也可在 PS 调试过程得到验证。

（4）DELMIA

DELMIA 由 3DEXPERIENCE 平台提供技术支持，可帮助各种行业的从业者和服务提供商将价值网络的虚拟世界与真实世界联系在一起，以开展协作、建模和优化，随后将成果付诸实践，图 1-5 所示为 DELMIA 虚拟调试架构。

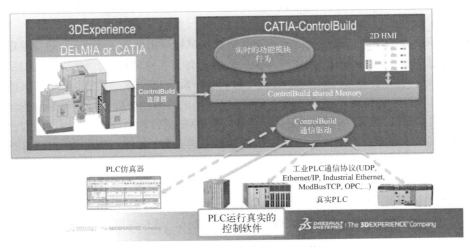

图 1-5　DELMIA 虚拟调试架构

借助 DELMIA 工业工程，客户可以通过虚拟方式验证价值网络、工厂布局、运输计划、流程计划、物流计划和员工计划，以快速应对竞争或把握新的市场机遇。对于制造商，DELMIA 工业工程可以将可视化范围从产品扩展到制造和运营领域，从而即便在实际工厂或生产线尚未存在时，也能对制造流程进行仿真。

DELMIA 交互式面向对象建模环境，提供了智能化的物流处理系统模板，直接模仿实际系统的行为，预置了实际系统的控制逻辑，内置 SCL 仿真控制语言，可通过 Quest Express 与 MES、ERP 或生产高度系统连接，3D 动画显示，并以直方图、饼状图等方式显示统计结果。

（5）Visual Components

软件集三大功能于一个平台：离散物流仿真模拟、机器人离线编程、PLC 虚拟调试，可实时采集仿真数据生成数据图表，适合工业自动化设备制造厂商和其他设备制造商。Visual Components 的软件界面如图 1-6 所示。

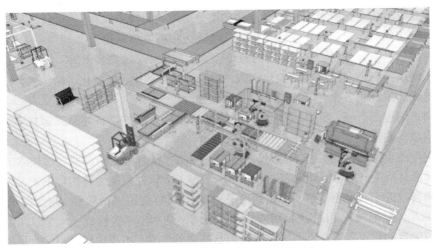

图 1-6　Visual Components 软件界面

1.3　数字化虚拟调试仿真的关键技术和优势

数字化虚拟调试仿真的关键技术包括：智能设备、物料流、逻辑管理器、逻辑功能块和智能元件、基于事件的机器人和自动化 PLC 环境。

越来越多的公司抛弃传统的在制造和安装后才测试物理机器的工作流程，而是采用虚拟调试技术，通过数字样机模拟和预测生产系统最终的行为。实物调试时，任何设备包括 PLC、HMI 等的延迟，都严重限制了工程师测试和调试生产系统的时间。而虚拟调试最大的优势就是，不用等到所有人员和硬件都就绪后才开始。虚拟调试的另一个好处是能够探索更多的设计选项。借助虚拟调试，工程师可以尝试不同的 PLC、HMI 或者其他设备，发现性能如何变化。而物理调试则很少甚至没有时间让工程师探索其他可选方案。此外，工程师还可以单独验证单个硬件零部件的性能和行为。

总的来说，自动化虚拟调试仿真的优势体现在如下几个方面：

① 时间：在早期即可提供现场环境，缩短现场调试时间，减少停产时间。

② 质量：PLC 程序和机器人离线程序的测试与优化；通过对设备联调，可以对节拍进行验证。

③ 成本：由于现场调试时间减少，现场调试成本相应减少；可重复的测试条件。

④ 安全：在虚拟环境中可进行安全程序测试；在虚拟环境中即可验证干涉区，现场碰撞的概率降到最低。

1.4　智能制造中的数字化虚拟调试仿真应用

20 世纪 80 年代以来，传统制造技术得到了不同程度的发展，当时工业发达国家的制造业已进入大规模定制生产阶段，日益先进的计算机控制技术和制造技术，使得传统的设计和管理方法已无法有效解决现代制造系统中存在的很多问题。随着计算机集成制造和网络化制造技术的发展，借助于现代的工具和方法，在传统制造技术、计算机技术与科学以及人工智能等技术进一步融合的基础上，开发出一种新型的制造技术，就是智能制造技术（IMT）。

智能制造（intelligent manufacturing，IM）是一种由智能机器和人类专家共同组成的人机一体化智能系统，它在制造过程中能进行智能活动，诸如分析、推理、判断、构思和决策等。通过人与智能机器的合作共事，去扩大、延伸和部分地取代人类专家在制造过程中的脑力劳动。它把制造自动化的概念更新、扩展到柔性化、智能化和高度集成化。

智能制造的基本特征是：生产制造的各个环节广泛应用人工智能技术；制造单元的柔性智能化与基于网络的制造系统柔性智能化集成；制造过程自动化、精益化、绿色化；信息网络技术是制造过程的系统和各个环节智能集成化的支撑。

智能制造通过把产品、机器、资源和人有机联系在一起，推动各环节数据共享，从而实现产品的全生命周期管理。

目前主流的虚拟调试软件基本都是国外企业开发的，设备级别的虚拟调试技术的研究还比较少，国内没有相关产品，国外只有达索、西门子等工业软件巨头才有相应的产品，但是他们的产品都和自己的平台紧密捆绑，比如西门子的 NX-MCD 虚拟调试软件，与西门子的 PLC 产品、博途 TIA 控制面板和 PLC 虚拟编程软件、西门子的 NX 平台构成了一个封闭的生态。对于广大国内的自动化设备厂商而言，如果使用这些国外软件，不仅价格昂贵，而且从硬件到软件均受制于特定厂家，不利于企业的自主发展。

1.5　数字化虚拟调试仿真的未来

（1）数字化虚拟调试仿真的发展趋势

数字化虚拟调试今后会在很多行业得到应用，如西门子的虚拟调试技术已经广泛应用于电子、物流、汽车、矿山与重工、医疗设备、冶金、食品、培训教学等多个行业。虚拟调试技术在工业数字化中的应用可以提高生产效率和产品质量，同时降低成本和增强企业竞争力，是实现工业制造智能化、数字化转型的重要手段，具有广阔的应用前景。

（2）数字化虚拟调试仿真与数字镜影对比

工业 4.0 带来了制造能力的阶跃变化，将先进的传感器技术与互联网连接和人工智能相结合，以创建智能制造系统。这些机器、过程、单元和生产线可以报告其状况，对趋势做出反应并以最少的人为干预优化其性能，甚至根本没有人工干预。这些工业 4.0 系统的复杂性意味着需要新的流程来促进其实施并监督其运行，其中两个过程是数字镜影和虚拟调试。

数字镜影（digital shadow）是物理系统的虚拟再创造，建立与物理设备形状尺寸相同、运行逻辑一致、运行数据融合的虚拟数字设备模型作为数字镜影体，通过数据通信，虚拟设备可以和真实物理设备同步运行，这样通过监控屏幕看板可以实时监控了解设备的运行状态，并通过对数据进行分析处理，确定改进计划，从而获得更高的效益。

对比虚拟调试和数字镜影，两者都使用物理系统的虚拟表示来节省时间，确定改进计划以达到更好的效果。二者的区别在于，虚拟调试是在产线正式投产之前进行，而数字镜影是在产线设备生产过程中对设备运行状态进行监控。另一个区别是用户不同，在制造过程中，数字镜影作为一种监控、预测和提高现有系统性能的工具，它的用户一般是制造商。相比之下，虚拟调试对于那些构建和集成复杂的新制造设备的企业来说价值较大。

（3）数字化虚拟调试仿真为企业带来的效益

产品设计过程很难预测到生产和使用过程会不会出现问题，而虚拟调试带来许多好处之一就是验证产品的可行性。虚拟调试允许设计者在产品生产之前进行任何修改和优化，而不会造成硬件资源的浪费。这样还可以节省时间，因为用户在测试过程中可以修复错误，及时对自动化系统进行编程改进。

数字模型的使用可以降低工厂更改流程的风险，使企业在生产方面取得了显著的改进。例如汽车制造工厂在制造与装配产品时，可以使用虚拟调试重新编程数百台机器人，而不需要花费大时间在现场停机进行调试。

**本章
总结**

　　本章从数字化虚拟调试仿真的概念、应用特点和应用现状入手，深入浅出地介绍了虚拟调试仿真的搭建过程、关键技术、优势，以及虚拟调试仿真技术在智能制造中的应用，还介绍了数字化虚拟调试仿真的未来，以及与数字镜影技术的对比。通过本章的学习，读者能对虚拟调试有一个初步了解，在接下来的章节中，我们将逐步介绍 NX-MCD 软件的基本功能，以及 NX-MCD 与其他软件的联合虚拟调试。

第2章

基于 NX-MCD 的数字化虚拟
调试仿真

在前一章中我们介绍了虚拟调试的基本概念、搭建过程、未来的发展趋势，以及为企业带来的效益，这一章将主要介绍虚拟调试中重要的软件——NX-MCD。从 UG NX 软件介绍入手，介绍基本的绘图和建模功能，接着介绍机电一体化工具的使用。通过本章节的学习，读者将了解和掌握 NX-MCD 的基本功能。

2.1　NX-MCD 软件介绍

MCD（机电概念设计）是西门子 UG NX 软件的一个重要数字化工具应用块，也是数字化"双胞胎"中的基石，机电概念设计可用于交互式设计和模拟机电系统的复杂运动。它融合了多个学科，包括机械、电气、流体和自动化等方面，可将机器创建过程转变为高效机电一体化设计。

2.1.1　NX-MCD 机电一体化概念设计介绍

NX-MCD 机电一体化概念设计是一种全新的适用于机电一体化产品的设计方案，基于 NX-MCD、TIA 体系，设计人员可对包含多物理场，以及通常存在于机电一体化产品中的自动化相关行为的概念进行 3D 建模和仿真，可以在系统设计阶段就设备硬件结构的合理性以及控制软件的可靠性进行虚拟调试验证。

NX-MCD 是一款用来加速产品设计及运动仿真的多学科系统应用软件。它集成上游和下游工程领域，基于系统级产品需求、性能需求等，提供了针对由机械部件、电气部件和软件自动化所组成的产品概念模型进行功能设计的途径。机电一体化概念设计允许运用机械原理、电气原理和自动化原理实现早期概念设计，加快机械、电气和软件设计学科产品的开发速度，并使得这些学科能够协同工作。另外，机电一体化概念设计支持概念系统的验证，包括系统行为、物理和过程模拟。

最后，机电一体化概念设计作为机电一体化的多学科并行虚拟调试平台，打破传统的机械、电气、自动化的串行设计，将机械、电气、自动化包括软件等多个学科集成在同一平台，通过统一的数字化模型解决了多学科之间的协同，消除了电气、机械和自动化工程师之间的障碍。在该技术的支撑下，产品及自动化设备的开发、制造工艺的规划，能节省大量的时间，大幅削减无谓的样机和测试带来的成本。使用"机电概念设计"首选项设置，可以改变默认参数设置，并保存到工作部件中。这可以灵活地在工作部件中使用与默认设置不同的首选项设置。点击左上角"文件"选项→"首选项"→"机电概念设计"命令，打开"机电概念设计首选项"对话框。

2.1.2　NX-MCD 用户图形界面

图 2-1 所示为 NX-MCD（2206 版本）用户图形界面，具体的各部分的功能见表 2-1。

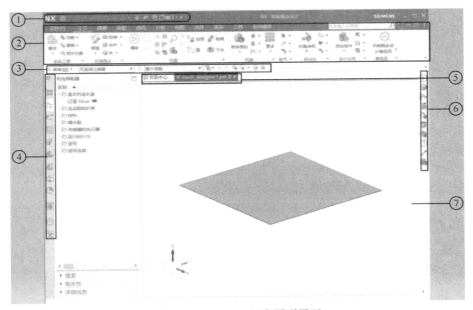

图 2-1　NX-MCD 用户图形界面

表 2-1　用户图形界面各部分功能描述

序号	组件	描述
1	快速访问工具条	包含常用命令，如保存和撤销
2	功能区	将每个应用程序中的命令组织为选项卡和组
3	上边框条	包含菜单和选择组命令
4	资源条	包含导航器和资源板，包括部件导航器和角色选项卡
5	选项卡区域	显示在选项卡式窗口中打开的部件文件的名称
6	预测命令	显示用于完成设计、分析或制造任务的命令列表。NX 收集有关如何使用命令的数据，分析此数据以确定使用频率和顺序，并提供最合适的命令列表以供下一步使用
7	图形窗口	建模、可视化并分析模型

2.1.3　草图

　　NX 草图能够创建几何约束，能够基于周边几何来应用几何关系，能够与任何数据进行无缝协作而不用理会其来源，帮助用户大幅缩短设计周期。在机电概念设计界面下点击"草图"，如图 2-2 所示，选择一个平面来进行草图的绘制，点击"确定"后，进入草图。

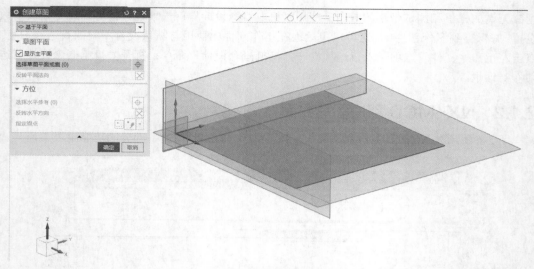

图 2-2　进入草图

草图包含平面中的曲线，利用这些曲线可创建其他特征，例如拉伸或旋转特征。每个草图都有一个坐标系，用来定义：坐标系的原点、横轴和纵轴（标记为 X 和 Y）的对齐，草图中的曲线会添加到相对于此坐标系的平面。

2.1.4　建模与设计更改

机电概念设计界面的建模功能见图 2-3，可以根据草图使用软件提供的如拉伸、旋转等常规画图工具进行建模操作，下面介绍一个简单的例子。

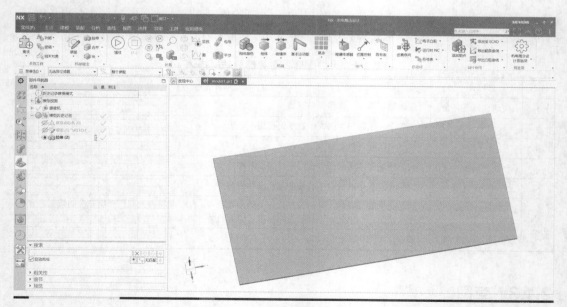

图 2-3　建模

在草图中画一个圆，完成草图后在建模界面点击"拉伸"，选择画好的草图，在拉伸功能界面可以调整拉伸的方向和范围，如图 2-4 所示。

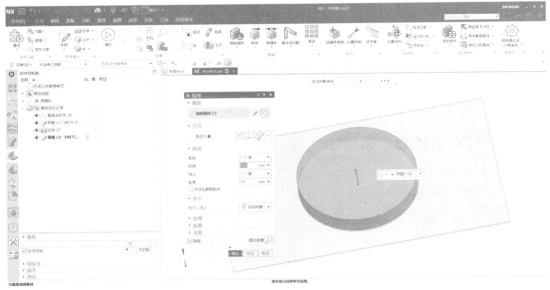

图 2-4　"拉伸"命令

在左侧导航栏可以双击"拉伸"命令，对模型进行拉伸尺寸的二次修改。NX-MCD 中还可以为模型赋予所需材料。

2.2　机电一体化工具使用

2.2.1　NX-MCD：刚体

刚体组件可使几何对象在物理系统的控制下运动，刚体可接受外力与扭矩作用来保证几何对象如同在真实世界中那样进行运动。任何几何对象只有添加了刚体组件，才能受到重力或者其他作用力的影响，例如定义了刚体的几何体，受重力影响会落下。如果几何体未定义刚体对象，那么这个几何体将完全静止。图 2-5 所示为刚体定义的对话框。

刚体具有以下物理属性：质量和惯性；质心位置和方位，由所选几何对象决定；平动和转动速度；标记。

对话框详解：

① 质量属性：包括自动选项和用户自定义选项。自动选项：NX-MCD 会根据几何信息自动计算质心、坐标系、质量和惯性矩。用户定义选项：用户根据需要指定质心、坐标系、质量和惯性矩。

② 初始平移速度：为刚体定义初始平移速度的大小和方向，该初速度在点击播放时附加在刚体对象上。

图 2-5　刚体定义对话框

③ 初始旋转速度：为刚体定义初始旋转速度的大小和方向，该初速度在点击播放时附加在刚体对象上。

④ 刚体颜色：指定颜色——为刚体指定颜色；无——不为刚体指定颜色。

⑤ 标记表单：为刚体指定标记属性的表单，该标记表单需要和读写设备、标记表配合使用。利用表单可以模拟一些简单的类似 RFID 的行为。

注意：一个或多个几何体上只能添加一个刚体，刚体之间不可产生交集。

2.2.2　NX-MCD：碰撞体

碰撞体是物理组件的一类，两个碰撞体之间要发生相对运动才能触发碰撞，也就是说至少有一个碰撞体所选的几何体上面定义了刚体对象。如果两个刚体相互撞在一起，除非两个对象都定义有碰撞体时物理引擎才会计算碰撞。在物理模拟中，没有添加碰撞体的刚体会彼此相互穿过。机电概念设计利用简化的碰撞形状来高效计算碰撞关系。机电概念设计支持如表 2-2 所示的几种碰撞类型及形状。

表 2-2　碰撞类型及形状

碰撞类型	形状	几何精度	可靠性	仿真性能
方块		低	高	高
球		低	高	高
圆柱		低	高	高
胶囊		低	高	高
凸多面体		中等	高	中等
多个凸多面体		中等	高	中等
网格面		高	低	低

一般情况下计算性能从优到低依次是：方块≈球≈圆柱≈胶囊>凸多面体≈多个凸多面体>网格面。

2.2.3　NX-MCD：运动副

首先，运动副是两个机械构件之间通过直接接触而组成的可动连接。两个构件上参与接触而构成运动副的点、线、面等元素称为运动副元素。两构件在未构成运动副之前，在空间中有 6 个相对自由度，构成运动副后，它们之间的相对运动将受到约束，约束数最少为 1，最多为 5。

（1）固定副

按照相对运动的形式分类，两个构件之间保持相对静止的运动副在 NX-MCD 中称为固定副。固定副自由度为 0，不允许构件"连接件"（连接体）相对于构件"基本件"（基本体）发生任何方向上的移动和转动。如图 2-6 所示为固定副定义对话框。

首先选择需要被固定副约束的刚体，其次选择连接件所依附的刚体，如果基本件参数为空，则代表连接件和地面固定。

图 2-6　固定副　　　　　　　　　　　图 2-7　铰链副

（2）铰链副

按照相对运动的形式分类，两个构件之间相对运动为转动的运动副称为转动副或者回转副，在 NX-MCD 中称之为铰链副。铰链副自由度为 1，允许一个绕轴线转动的自由度，不允许构件之间的相对滑动。如图 2-7 所示为铰链副定义对话框。

对话框详解：

① 选择连接体：指定构件一，选择需要被铰链副约束的刚体。

② 选择基本体：指定构件二，选择连接件所依附的刚体。如果基本件参数为空，则代表连接件和地面连接。

③ 起始角：在模拟仿真还没有开始之前，连接件相对于基本件的偏置角度。

④ 上限：设置一个限制两个构件相对转动的角度上限值，这里可以设置一个转动多圈的角度上限值.

⑤ 下限：设置一个限制两个构件相对转动的角度下限值，这里可以设置一个转动多圈的角度下限值。

（3）滑动副

按照相对运动的形式分类，两个构件之间相对运动为移动的运动副称为移动副，在 NX-MCD 中称之为滑动副。滑动副自由度为 1，允许一个沿轴线移动的自由度，不允许构件之间的相对转动。如图 2-8 所示为滑动副定义对话框。

对话框详解：

① 选择连接体：指定构件一，选择需要被滑动副约束的刚体。

② 选择基本体：指定构件二，选择连接件所依附的刚体。如果基本件参数为空，则代表连接件和地面连接。

③ 偏置：在模拟仿真还没有开始之前，连接件相对于基本件的偏置位置。

④ 上限：设置一个限制两个构件相对移动的距离上限值。

⑤ 下限：设置一个限制两个构件相对移动的距离下限值。

（4）柱面副

按照相对运动的形式分类，两个构件之间相对运动为转动+移动的运动副在 NX-MCD 中称为柱面副。柱面副自由度为 2，允许一个沿轴线移动的自由度，和允许构件之间绕轴线的相对转动。如图 2-9 所示为柱面副定义对话框。

图 2-8　滑动副

图 2-9　柱面副

对话框详解：

① 角度上限：设置一个限制两个构件相对转动的角度上限值，这里可以设置一个转动多圈的角度上限值。

② 角度下限：设置一个限制两个构件相对转动的角度下限值，这里可以设置一个转动多圈的角度下限值。

其余项的含义同前，不再赘述（下文有关对话框中的分项亦不重复介绍）。

（5）球副

按照相对运动的形式分类，两个构件能绕一球心作三个独立的相对转动的运动副在 NX-MCD 中称为球副。球副自由度为 3，允许三个独立的相对转动。如图 2-10 所示为球副定义对话框。

对话框详解：

锚点：指定连接件相对于基本件做三个独立相对转动的球心。

2.2.4　NX-MCD：执行器

（1）位置控制

在机电概念设计环境中，进入"主页"→"电气"工具条，单击"位置控制"按钮，可以创建位置控制对象。位置控制添加在运动副上，来驱动由运动副约束的刚体以预设的参数运动到指定的位置。这些预设的参数可以是速度、加速度、加加速度、力矩或者扭矩。机电概念设计环境中，位置控制描述的是运动副中连接件相对于基本件的位移/转动速度的大小和相对的位移/角度。如图 2-11 所示为位置控制定义对话框。

图 2-10　球副　　　　　　　　　　图 2-11　位置控制

对话框详解：

① 机电对象：指定被控机电对象，选择传输面或者运动副（例如：铰链副、滑动副等）。

② 轴类型：当选择柱面副或者螺旋副的时候需要指定轴类型——角度或线性，用来控制柱面副或者螺旋副的旋转或平移。

③ 限制加速度：当勾选上这个选项之后，允许用户输入最大加速度，并且允许用户限制加加速度。

④ 限制力：当勾选上这个选项之后，允许用户输入最大驱动力。

⑤ 图形视图：根据输入的速度、加速度和加加速度显示对应的曲线。

（2）速度控制

速度控制添加在运动副上，来驱动由运动副约束的刚体以预设的参数运动。这些预设的参数可以是速度、加速度、加加速度、力矩或者扭矩。机电概念设计环境中，速度控制描述的是运动副中连接件相对于基本件的位移/转动在单位时间内变化的大小。如图 2-12 所示为速度控制定义对话框。

对话框详解：

限制加加速度：当勾选上这个选项之后，允许用户输入最大加加速度。

其余项目，参见上文"位置控制"中的说明。

2.2.5　NX-MCD：传感器

（1）碰撞传感器

在机电概念设计环境中，进入"主页"→"电气"工具条，单击"碰撞传感器"按钮，可以创建碰撞传感器。碰撞传感器依附在几何体上，用来提供对象之间的反馈。用户可以选择不同的形状来封装几何体以形成检测区域。在虚拟调试中传感器的结果往往被传回外部控制系统，在连接到外部控制系统之前，碰撞传感器在 NX-MCD 模型中可以用来完成以下操作：作为仿真序列执行的条件；作为运行时表达式的参数；用来计数；检测对象的位置；获取对象，例如将触发碰撞传感器的刚体通过仿真序列依附到运动副上；用来收集对象，例如对象收集器；用来改变几何体颜色，例如颜色变换器等。如图 2-13 所示为碰撞传感器定义对话框。

图 2-12　速度控制

图 2-13　碰撞传感器

对话框详解：

① 类型：包括触发和切换两个选项。

触发：当检测到碰撞或者用户修改时，传感器的触发状态为 true；当未检测到碰撞或用户未做修改时，传感器触发状态为 false。

切换：当检测到碰撞或者用户修改时，传感器的触发状态置反。

② 选择对象：选择碰撞传感器所依附的几何体。

③ 形状：

方块：用最小长方形包裹选择对象。

球：用最小球包裹选择对象。

直线：用直线表示传感器形状。

圆柱：用最小圆柱包裹选择对象。

④ 类别：设置碰撞传感器类别的值，以指示哪些碰撞体和碰撞传感器将相互作用。默认情况下，只有相同类型的碰撞体和碰撞传感器之间才会相互作用。通过编辑关系矩阵并将其应用到 NX-MCD 客户默认设置，可以进行自定义。

⑤ 碰撞时高亮显示：在仿真的过程中，如果碰撞传感器和起作用的碰撞体接触时，碰撞传感器高亮。

⑥ 检测类型：

系统：仅考虑系统碰撞检测。

用户：仅考虑用户输入操作。

两者：同时考虑系统碰撞检测和用户输入操作。

（2）距离传感器

机电概念设计环境中，进入"主页"→"电气"工具条，单击"距离传感器"按钮，可以创建距离传感器。使用距离传感器命令将距离传感器附加到刚体上，距离传感器提供反馈（从传感器到最近的碰撞体的距离）。距离传感器可以创建在一个固定的位置来检测一个固定的区域，或者将其附加到移动的刚体上。距离传感器可以将检测到的距离按比例转换成常数、电压或电流作为一个信号输出。距离传感器以和碰撞体干涉的方式操作：距离传感器在感测点（指定点）和干扰检测体积（理解为与检测体积的交集）的任何可检测碰撞体之间执行精确的距离计算（距离传感器不像大多数其他仿真软件那样，在检测体边缘之间进行简单的碰撞检测，而是在检测体积内进行精确的距离计算）。如图 2-14 所示为距离传感器定义对话框。

对话框详解：

① 选择对象：选择距离传感器所依附的刚体对象。如果距离传感器的位置在仿真过程中不发生改变，则无须指定依附刚体对象。

② 指定点：距离传感器感测点，用于测量干涉距离的起点。

③ 指定矢量：指定测量的方向，并决定干扰检测体积的朝向。

④ 开口角度：指定干扰检测体积的开口角度。

⑤ 范围：指定干扰检测体积的长度。

⑥ 仿真过程中显示距离传感器：当距离传感器的干扰检测体积与其他碰撞体存在交集的时候高亮显示距离传感器。

⑦ 输出：勾选后，可以将检测到的距离按比例转换成常数、电压或电流输出。

（3）位置传感器

机电概念设计环境中，进入"主页"→"电气"工具条，单击"位置传感器"按钮，可以创建位置传感器。使用位置传感器命令将位置传感器连接到现有的运动副或者位置控制器上，位置传感器提供位置控制的线性位置或者角度的反馈。位置传感器可以将检测到的位置或者角度按比例转换成常数、电压或电流作为一个信号输出。位置传感器以检测位置数值的方式操作：通过运动副或者执行器获得连接件相对于基本件的线性位置或者旋转角度。如图 2-15 所示为位置传感器定义对话框。

图 2-14　距离传感器

图 2-15　位置传感器

对话框详解：

选择轴：选择位置传感器所连接的运动副。如果位置传感器选择的是一个圆柱副，则需要指定输出的轴类型——线性或者角度。

其余项目参见"距离传感器"中的说明。

（4）速度传感器

机电概念设计环境中，进入"主页"→"电气"工具条，单击"速度传感器"按钮，可以创建速度传感器。使用速度传感器命令将速度传感器连接到现有的运动副或者速度控制上，速度传感器提供运动副或者速度控制的线速度或者角速度的反馈。速度传感器可以将检测到的速度按比例转换成常数、电压或电流作为一个信号输出。与位置传感器类似，速度传感器以检测速度数值的方式操作：通过运动副或者执行器获得连接件相对于基本件的线性速度或者旋转速度。如图 2-16 所示为速度传感器定义对话框。

对话框详解：

① 选择轴：选择速度传感器所连接的运动副。如果速度传感器选择的是一个圆柱副，则需要指定输出的轴类型——线性或者角度。

② 修剪：勾选修剪和比例后，可以将检测到的速度按比例转换成常数、电压或电流输出。

（5）加速度传感器

机电概念设计环境中，进入"主页"→"电气"工具条，单击"加速度传感器"按钮，可以创建加速度传感器。使用加速度传感器命令将加速度传感器连接到现有的刚体上，加速度传感器提供刚体上的加速度的反馈。加速度传感器可以将检测到的加速度按比例转换成常数、电压或电流作为一个信号输出。与位置传感器和速度传感器类似，加速度传感器以检测加速度数值的方式操作：通过选择刚体对象获得刚体的加速度值。如图 2-17 所示为加速度传感器定义对话框。

图 2-16　速度传感器

图 2-17　加速度传感器

对话框详解：

① 选择刚体：选择加速度传感器所连接的刚体。

② 修剪：勾选修剪和比例后，可以将检测到的加速度按比例转换成常数、电压或电流输出。

2.2.6　NX-MCD：信号建立、连接

信号是表示消息的物理量，如电信号可以通过幅度、频率、相位的变化来表示不同的消息。这种电信号有模拟信号和数字信号两类。模拟信号是指信号波形模拟着信息的变化而变化，其主要特征是信号幅度、频率或相位，可随时间做连续变化，可取无限多个值；而在时间上则可

连续，也可不连续。而数字信号是指不仅在时间上是离散的，而且在幅度上也是离散的，只能取有限个数值的信号。通常我们所说的信号是指数字信号，NX-MCD 中的信号按数据类型分有布尔型（0 或 1）、整数型、双精度型，按 I/O 类型分有输入、输出、输入输出。在机电概念设计（MCD）中，电气模块下找到"信号"，如图 2-18 所示。

设置 I/O 类型、数据类型、初始值，以及信号的名称后，点击"确定"创建好一个信号，在机电导航器里可以看见已创建好的信号。

2.2.7　NX-MCD：外部信号、信号映射

（1）外部信号

外部信号在 NX-MCD 中属于自动化模块，这是外部信号仿真的关键步骤，使用"外部信号配置"命令，通过 MATLAB、OPC DA、OPC UA、PLCSIM Adv、PROFINET、SHM、TCP、UDP 等通信协议配置好外部信号的通信接口，可以对外部信号进行协同仿真。如图 2-19 所示为外部信号配置对话框。

图 2-18　信号

图 2-19　外部信号配置

（2）信号映射

信号映射：使用 OPC DA 和 OPC UA 协议在 NX-MCD 的信号和外部接口的信号之间建立通信。然后，可以在 NX-MCD 和外部接口之间交换数据，并在协同仿真期间使用控制信号来使用 NX-MCD 的物理模拟和 3D 可视化测试外部信号。如图 2-20 所示为信号映射对话框。

2.2.8　NX-MCD：物料流

利用对象源命令可以在特定的时间间隔内创建一个对象的多个实例。一般使用对象源命令来模拟机电系统中的物料流。如图 2-21 所示为对象源设置对话框。

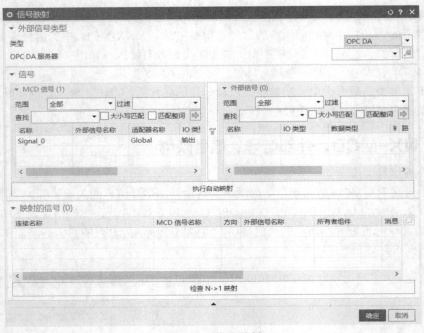

图 2-20　信号映射

图 2-21　对象源

对话框详解：

① 要复制的对象：选择需要复制的对象，这里可以选择刚体、几何体或者组件。

② 触发：基于时间选项——根据设定的时间间隔来复制对象；每次激活时一次选项——对象源的属性"活动的（active）"变成"true"一次，复制一次对象。

③ 时间间隔：该选项在基于时间触发下可见，用于设置时间间隔。

④ 开始偏置：该选项在基于时间触发下可见，用于设置出现第一个复制对象的等待时间。

2.2.9　NX-MCD：仿真序列

仿真序列可以认为是多个仿真动作的集合（Sequence Editor）。仿真序列中可以包含多个仿真子集（Operation Chain），每个仿真子集中又包含了多个仿真动作（Operation），在机电概念设计环境中，进入"主页"→"自动化"工具条，单击"仿真序列"按钮，可以创建 Operation。Operation 是机电概念设计中的过程控制对象，Operation 几乎可以对 NX-MCD 系统中的所有对象进行控制。在 NX-MCD 定义的仿真对象中，每个对象都有一个或者多个参数，在仿真的过程中这些参数可以通过创建 Operation 在指定的时间点修改数值。通常，使用 Operation 控制一个执行机构（比如：速度控制命令的速度约束，位置控制命令的位置约束），还可以控制运动副（比如修改滑动副的连接件）。除此以外，Operation 还可以创建条件语句来确定何时去改变参数。仿真序列一般可以用来：

- 基于时间改变 NX-MCD 对象在仿真过程中的属性值；
- 在指定的条件下改变 NX-MCD 对象在仿真过程中的属性值；

- 在指定的时间点暂停仿真；
- 在指定的条件下暂停仿真；
- 简单的数学运算：+=，-=，*=。

如图 2-22 所示为仿真序列定义对话框。

图 2-22　仿真序列

对话框详解：

① 仿真序列：创建一个仿真序列来动态控制 **NX-MCD** 对象。

② 暂停仿真序列：创建一个暂停仿真序列在特定时间或者条件下暂停仿真，用户可以利用暂停来做一些观察和测量。

③ 持续时间：设置仿真序列执行的时间。

④ 运行时参数：显示所选择的机电对象可以修改的参数，对于需要修改的参数需要先勾选复选框，然后再输入设置的值。

⑤ 条件：指定仿真序列运行的条件，这里用户可以选择不同的参数和运算符，也允许用户组合多个条件。

本章总结

　　本章对 NX-MCD 软件进行了简单介绍，MCD（机电一体化概念设计）是西门子软件的一个重要数字化工具应用块，也是数字化双胞胎中的基石，机电概念设计可用于交互式设计和模拟机电系统的复杂运动。它融合了多个学科，包括机械、电气、流体和自动化等方面，是一种将机器创建过程转变为高效机电一体化设计方法的解决方案。

　　重点介绍了机电一体化工具的使用，包括：刚体、碰撞体、运动副、执行器、传感器、信号建立与连接、外部信号配置、信号映射、物料流以及仿真序列，读者可以自行练习各个命令以更好地掌握基本操作。

第 3 章

数字样机建模

前一章介绍了 NX-MCD 软件各部分指令的功能和基本操作，本章将通过码垛机械手、ABB 机器人和数控铣床三个实例，带领读者进行 NX-MCD 的建模和机电一体化实践操作并进行运动仿真。

3.1 NX-MCD：码垛机械手建模

3.1.1 码垛机械手设计方案

本设计机械手的手部抓取的物料为箱装物料，重量小于 30kg，由于箱体可能在抓取过程中被抓破，同时在抓取过程中易出现滑动，因此设计手部结构时需要避免上述现象发生，现分析如下：

① 夹取式取料手　一般由手指、驱动机构、传动机构、连接与支撑元件组成，通过手爪的开闭动作实现对物体的夹持，主要用于箱体、轴、盘类物料，抓取物料比较稳固，可用于较重物料。

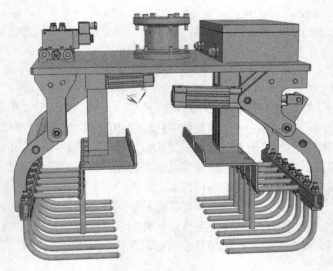

图 3-1　机械手设计方案

② 吸附式取料手　靠吸附力取料,利用吸盘内的压力和大气压力之间的压力差来吸附物体,虽有结构简单、重量轻、吸附力分布均匀等优点,但只适用于较轻物料。

③ 专用操作器及转换器　为机械手配备专用的操作器就可以使其完成各种不同的工作,如给机械手安装拧螺母机,就可以使其成为一台装配机械手。

④ 仿生多指灵巧手　对形状复杂、不同材质的物体,无法用普通取料手进行抓取,就需要有一个运动灵活、动作多样的灵巧手。其有多个手指,可以模仿人手完成复杂的动作。

通过分析比较发现,夹取式取料手夹取箱装物料时更加牢靠,不易发生变形,因此选用夹取式取料手,如图 3-1 所示。

3.1.2　码垛机械手零件建模

(1) 抓手部分建模

由 ZY 面进入草图,运用轮廓命令,绘制如图 3-2 所示曲线。

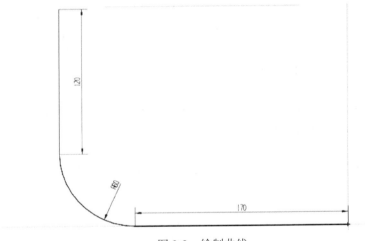

图 3-2　绘制曲线

进入 ZX 面构建草图,绘制圆心位于原点(上一步中 170mm 曲线起始点)、直径为 15mm 的圆。退出草图运用扫掠命令构建实体,如图 3-3 所示。

在长度为 120mm 的端面进入草图,在圆心位置绘制直径为 10mm 的圆,退出草图后拉伸,拉伸长度为 60mm。如图 3-4 所示。

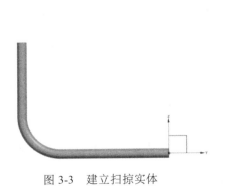

图 3-3　建立扫掠实体

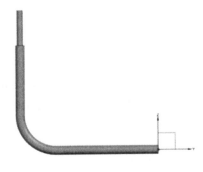

图 3-4　拉伸圆柱

在 222.5mm 处创建平面，进入平面后在直径为 10mm 的圆柱面上使用直线命令构建如图 3-5 所示图形。

绘制完成后选择旋转命令，对实体做旋转槽处理，得到如图 3-6 所示图形。

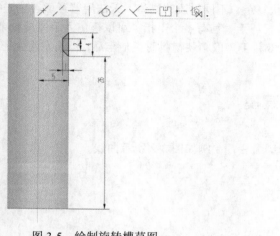

图 3-5　绘制旋转槽草图

图 3-6　旋转槽

对实体进行倒角，最终所得抓手部分模型如图 3-7 所示。抓手部分虽共有 12 个，但尺寸均一致，其余可在装配时复制即可。

（2）升降气缸推手部分建模

在 ZY 平面构建草图，如图 3-8 所示，完成草图后拉伸，拉伸长度为 432mm。

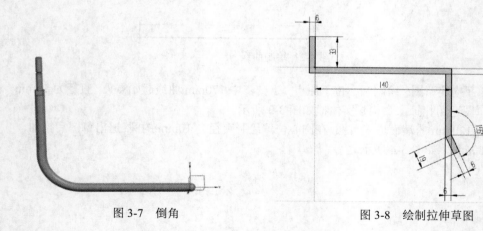

图 3-7　倒角

图 3-8　绘制拉伸草图

拉伸后进入上表面（长度为 140mm 的表面），绘制如图 3-9 所示图形，绘制完成后采用阵列复制出 4 个尺寸一致图形，退出草图，采用拉伸命令去除零件体多余部分，拉伸后获得如图 3-10 所示零件体。

进入长度为 33mm 的表面绘制草图，尺寸与曲线如图 3-11 所示。退出草图后使用拉伸命令去除多余零件体。

运用倒角命令修饰零件体，修饰完成后如图 3-12 所示。

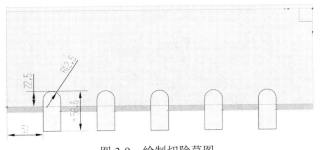

图 3-9　绘制切除草图

图 3-10　拉伸切除

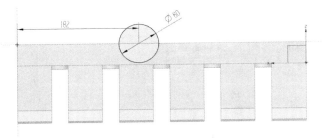

图 3-11　绘制切除圆草图

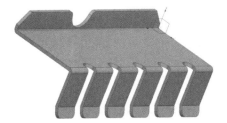

图 3-12　倒角修饰

（3）升降气缸缸体部分建模

创建一个长 176mm、宽 120mm、拉伸长度 54mm 的长方体，如图 3-13 所示。

由 ZY 面进入草图，绘制两个圆，如图 3-14 所示，利用拉伸命令挖出贯通孔。

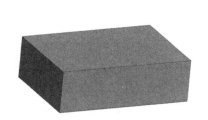

图 3-13　创建长方体

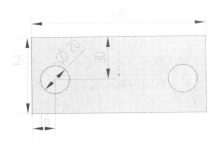

图 3-14　绘制孔草图

进入 XY 面绘制如图 3-15 所示草图，绘制完成后，退出草图，使用旋转命令切除多余实体，切除后如图 3-16 所示。

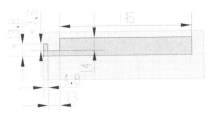

图 3-15　绘制旋转切除草图

图 3-16　旋转切除

由三圆孔面进入草图，绘制如图 3-17 所示尺寸图形，退出草图后运用拉伸命令（拉伸长度直到最后）去除底部实体。

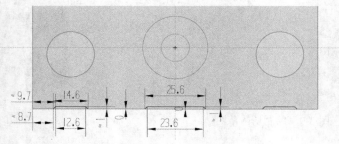

图 3-17　绘制切除草图

按照上一步流程绘制如图 3-18 所示图形。

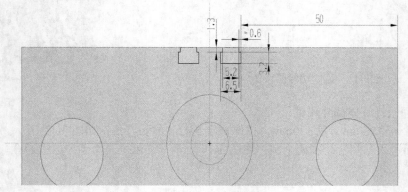

图 3-18　绘制槽草图

在后视图选择孔命令，孔参数如图 3-19 所示。选择指定点进入草图，选择孔位置，如图 3-20 所示，完成后运用阵列或镜像命令复制三个相同孔，使四个孔分别位于长方形表面四个角的相同位置。

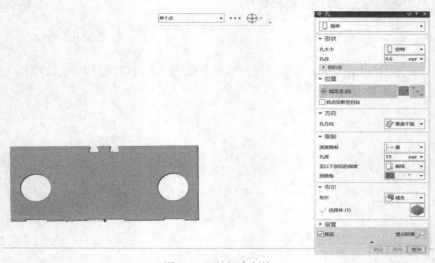

图 3-19　定义孔参数

绘制两个直径 9mm、深度 2.4mm 的孔，孔的位置距长边 27mm，距宽边 32mm。打孔完成后如图 3-21 所示。

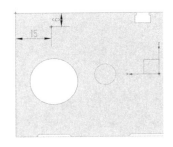

图 3-20　孔位置

图 3-21　拉伸两个孔

在上表面与侧表面绘制 4 个直径为 8.5mm、深度为 9.7mm 的圆孔，如图 3-22 所示。孔绘制完成后，对零件倒角，倒角完成后如图 3-23 所示。

图 3-22　上表面与侧面孔

图 3-23　倒角

因机械手所需零件较多，仅对部分零件做建模演示，剩余未体现建模过程的零件将在机械手装配中为读者展示。

3.1.3　桁架建模

（1）立柱建模

由 XY 平面进入草图，绘制如图 3-24 所示参数长方形，拉伸 80mm。

图 3-24　绘制长方形

图 3-25　绘制立柱截面图

进入 YZ 平面绘制图 3-25 所示草图，拉伸长度为 300mm。

由零件上表面进入草图，绘制图 3-26 所示长方形，退出草图后拉伸 80mm。

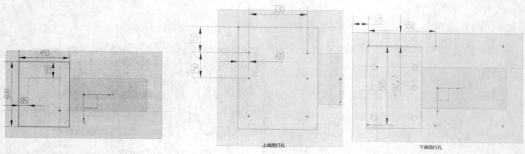

图 3-26　绘制上连接板草图

图 3-27　打孔

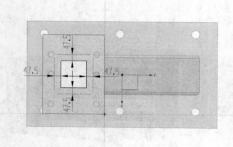

图 3-28　绘制内表面矩形

于上端面距长边 60mm、短边 75mm 位置打直径 42mm 的孔，于下端面距离短边 126mm、长边 90mm，打直径 60mm 的孔。对边倒角，倒角直径为 20mm，如图 3-27 所示。

由上连接板上表面进入草图，绘制图 3-28 所示长方形，运用拉伸命令去除多余实体（拉伸长度为直到最后）。

（2）伸缩气缸缸体建模

由 XY 面进入草图，绘制图 3-29 所示图形，运用拉伸命令拉伸实体，拉伸长度为 1182mm。

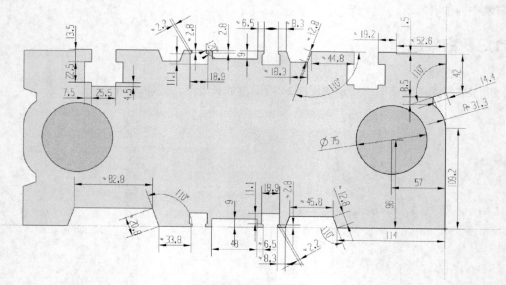

图 3-29　伸缩气缸草图

在零件上表面四角打四个直径为 25.14mm、深度为 66mm 的平底孔，两个直径为 15mm、深度为 28.5mm 的锥形孔，如图 3-30 所示。

由实体底面进入草图，绘制图 3-31 所示位置的圆，运用拉伸命令去除多余实体，拉伸长度为 1125mm。

图 3-30　平底孔与锥形孔

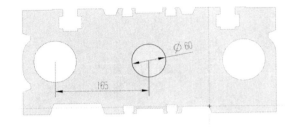

图 3-31　绘制空间孔

（3）滑枕建模

绘制图 3-32 所示图形，运用拉伸命令拉伸实体，拉伸长度为 3000mm。

在滑枕正视图（图 3-33）所示位置绘制四个直径为 40mm 的贯通孔。

倒角完成后如图 3-34 所示。

图 3-32　绘制滑枕拉伸草图

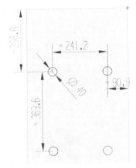

图 3-33　绘制贯穿孔草图

图 3-34　倒角

（4）桁架电机建模

由 XY 面进入草图，绘制如图 3-35 所示图形，退出草图后运用旋转命令，旋转轴选择 X 轴构建实体。

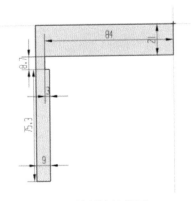

图 3-35　绘制旋转草图

由下表面进入草图，绘制如图 3-36 所示正方形，运用拉伸命令构建实体，拉伸长度为 286.5mm。

由下表面进入草图，绘制如图 3-37 所示图形，运用拉伸命令去除多余实体，拉伸长度为 259.5mm。

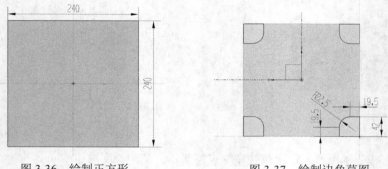

图 3-36　绘制正方形　　　　　　　　图 3-37　绘制边角草图

由 XY 面进入草图，绘制如图 3-38 所示图形，退出草图后运用旋转命令构建草图。

由底面进入草图，绘制如图 3-39 所示图形，运用拉伸命令去除多余实体，拉伸长度为 25.8mm。

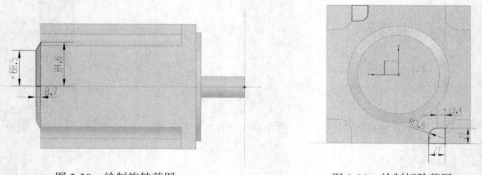

图 3-38　绘制旋转草图　　　　　　　　图 3-39　绘制切除草图

由底面进入草图，绘制如图 3-40 所示图形，退出草图后运用拉伸命令构建实体，拉伸长度为 6.69mm。

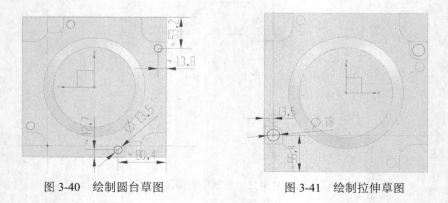

图 3-40　绘制圆台草图　　　　　　　　图 3-41　绘制拉伸草图

由图 3-39 所示平面进入草图，绘制如图 3-41 所示图形，运用拉伸命令构建实体，拉伸长度为 8.19mm。

由图 3-37 所示表面进入草图，在如图 3-42 所示位置创建 4 个直径为 18mm 的孔，孔中心距两边为 19.5mm。

如图 3-43 所示，在电机四个相同位置创建距上表面 34.8m、高 15mm、槽深 28.5mm 的长方形凹槽，并在凹槽内创建直径 21mm、高 13.5mm 的圆柱，圆柱中心距电机左右两边 12.4mm。创建完成后对电机倒角，最终零件如图 3-44 所示。

图 3-42　打安装孔

图 3-43　绘制槽

图 3-44　最终模型

3.1.4　码垛机械手组装

（1）手爪部分装配

由"新建"→"装配"进入 NX 装配界面，如图 3-45 所示。

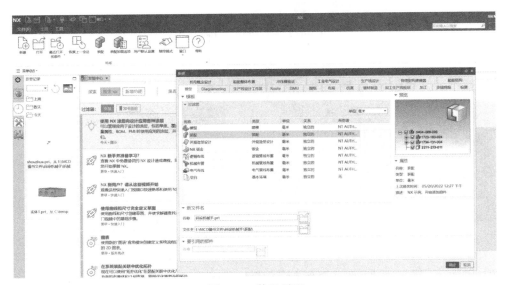

图 3-45　装配界面

通过装配窗口中的"打开"命令将所需零件导入 NX 中，零件及零件序号如图 3-46 所示。

运用"装配约束"→"同心"使零件 2 与零件 3 孔对齐。之后运用"平行"命令将零件 2 摆正，如图 3-47 所示。

运用"同心"命令将螺母（零件 4）组装至主体，如图 3-48 所示。

运用"同心"命令将零件 1 与零件 2 底部圆孔圆心位置对齐，进而将零件 1 组装至主体上，如图 3-49 所示。

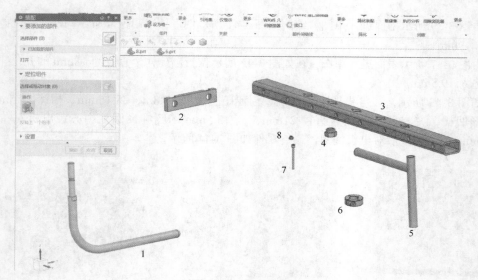

图 3-46　导入零件

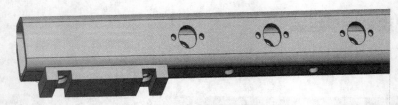

图 3-47　装配零件 2 和零件 3

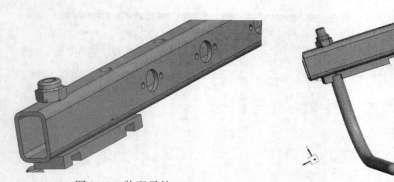

图 3-48　装配零件 4

图 3-49　装配零件 1

　　选定零件 5，使用"装配"→"距离"，设置圆柱上表面距离主体距离为 15mm，之后保持"装配"命令窗口处于打开状态，选中"装配"窗口的"距离"命令后，将鼠标停留至圆柱表面，可看到圆柱"绿色"的轴线，选定轴线，以同样方法选中主体孔的轴线，设置两轴线距离为 0mm，点击"确定"后即可完成零件 5 的装配，如图 3-50 所示。

　　装配零件 8、零件 7 与零件 6。同样运用"距离"命令，将零件 8、零件 6 与主体距离、轴线距离设置为 0mm，之后运用"同心"命令将零件 7 装配至零件 6 的孔中，完成零件 6、零件 7、零件 8 与主体的装配，如图 3-51 所示。

　　至此，手爪部分所需零件已装配完成。安装完成后如图 3-52 所示。

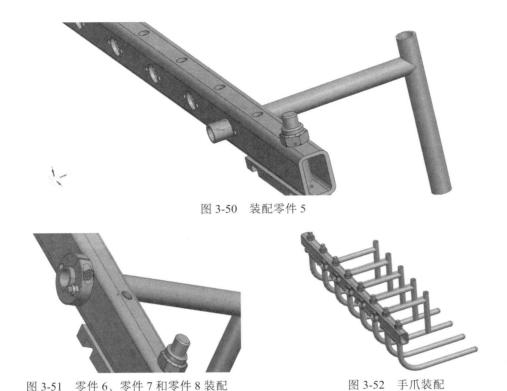

图 3-50　装配零件 5

图 3-51　零件 6、零件 7 和零件 8 装配　　　　图 3-52　手爪装配

因为手爪需要 4 个零件 2，8 个零件 1，5 个零件 6，10 个零件 8，5 个零件 5，8 个零件 4 和 5 个零件 7，可选中所需零件后运用快捷方式"Ctrl+C"复制零件，之后在空白处右击进行粘贴，即可得到 1 个尺寸完全相同的部件（粘贴后零件可能与之前导入零件重叠，需要运用移动命令移走）。对零件复制完成后，采用前几步方法将其组装至主体上。

（2）手爪部分关联零件装配

将图 3-53 所示零件导入装配中。

首先，将零件 9 安装至主体，选择零件 9 的两表面（图 3-54），运用"距离"命令，使两表面分别贴合上表面和前表面，贴合完成后，使零件 9 距零件 3 右端面距离为 59mm，装配完成如图 3-55 所示。

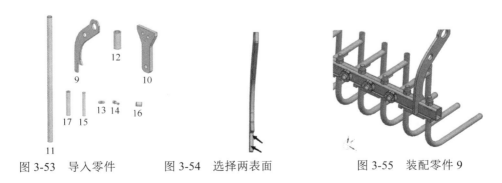

图 3-53　导入零件　　　　图 3-54　选择两表面　　　　图 3-55　装配零件 9

将零件 11 装配到零件 9 孔中，使用"距离"命令，将两圆轴距离设置为 0mm（即重合），同时在零件 9 右侧预留出 6.8mm 距离，防止运行过程中出现事故，装配完成如图 3-56 所示。

复制一个零件 16，并将其命名为零件 18，运用"距离"命令将零件 16 与零件 18 装配至零件 17，使零件 16 与零件 18 分别距离零件 17 左右端面 14mm，如图 3-57 所示。

图 3-56　装配零件 11　　　　　　　　图 3-57　装配零件 16、零件 17 和零件 18

　　运用"距离"命令将零件 12 安装至零件 9 剩余孔中，安装完成后，使零件 9 位于零件 12 中心位置，如图 3-58 所示。

　　以同样方法将零件 16 与零件 17 装配至主体，如图 3-59 所示。

图 3-58　安装零件 12　　　　　　　　图 3-59　零件 16、零件 17 装配至主体

　　复制零件 13 与 14 至装配文件中，运用"同心"命令分别将两组零件 13 和 14 装配至零件 17 左右两端，如图 3-60 所示，安装完成后利用"同心"命令将零件 10 安装至零件 13 左右两端，零件 15 安装至零件 10 孔中，如图 3-61 所示。

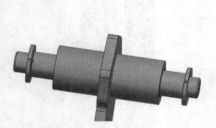
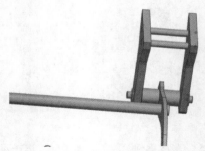

图 3-60　装配零件 13 和零件 14　　　　　图 3-61　装配零件 10 和零件 15

　　导入零件 19 和零件 20，如图 3-62 所示，因为左侧装配与右侧类似，所以过程不再赘述，装配完成后如图 3-63 所示。

（3）伸缩气缸装配

将图 3-64 所示零件导入装配中。

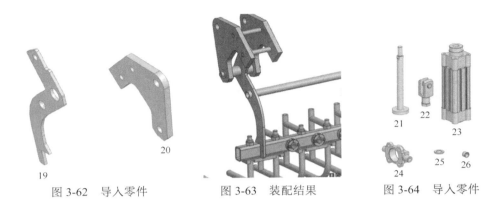

图 3-62　导入零件　　　　图 3-63　装配结果　　　　图 3-64　导入零件

使用"同心"命令使零件 22 与零件 25 装配至零件 19 顶端孔两侧，如图 3-65 所示。

运用"同轴"命令将零件 21 装配至零件 22 末端，并保留 3mm 缝隙，如图 3-66 所示。

图 3-65　装配零件 22 和零件 25　　　　图 3-66　装配零件 21

同样运用"同轴"命令完成零件 23 与零件 21 的装配，使零件 23 与零件 22 保持有 76.5mm 距离。如图 3-67 所示。

使用同样方式完成零件 24、零件 25 和零件 26 的装配，具体过程不再赘述，装配完成后如图 3-68 所示。

图 3-67　装配零件 23　　　　图 3-68　装配零件 24、零件 25 和零件 26

因为抓手部分必须有两个才可抓起物体，两部分零件完全一致，只需复制一份已建模完成零件调整角度距离即可。如图 3-69 所示。

（4）升降气缸装配

将图 3-70 所示部件导入装配中。

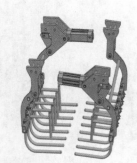

图 3-69　复制另一侧夹爪

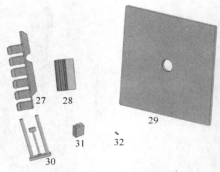

图 3-70　导入零件

运用"距离"命令将零件 29 装配至主体，如图 3-71 所示。

运用"距离"命令将零件 31 安装至零件 29 下方，距零件 29 前端面右侧 234mm，前端面 136mm，如图 3-72 所示。其余三个零件 31 以相同方法装配。装配完成后如图 3-73 所示。

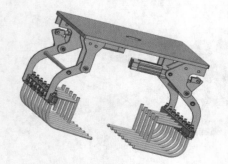

图 3-71　距离配合

图 3-72　装配零件 31

运用"距离"命令将零件 30 圆柱轴线与零件 31 中心孔轴线重合，同时使零件 30 低端距零件 29 下表面 245mm，完成零件 30 装配，如图 3-74 所示。

图 3-73　装配结果

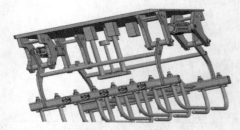

图 3-74　装配零件 30

将图 3-75 所示表面设置为下表面，运用"同心"命令完成零件 28 与零件 30 装配，装配完成后如图 3-76 所示。

运用"距离"命令，将零件 27 装配至零件 28 下端，同时距离零件 28 左端面 157mm，后端面 72mm，装配完成后如图 3-77 所示。另一侧以相同方法装配即可。

图 3-75　设置下表面

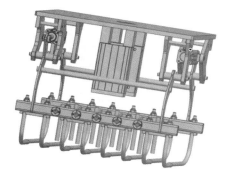

图 3-76　装配零件 28 与零件 30

（5）法兰装配

导入零件 33、34 及装配体 35，如图 3-78 所示。

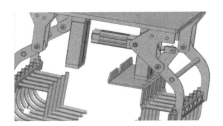

图 3-77　装配结果

33　　34

35

图 3-78　导入零件

运用"距离"命令将零件 33 装配至距零件 29 左端面 166mm、前端面 302.5mm 处，如图 3-79 所示。

运用"距离"命令将零件 34 装配至零件 33 前端，使零件 34 下端面与左端面分别和零件 33 对应端面重合。如图 3-80 所示。

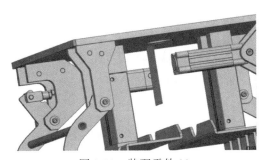

图 3-79　装配零件 33

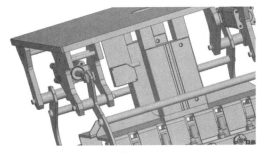

图 3-80　装配零件 34

运用"同心"命令将装配体 35 装配至零件 29 上表面，使零件 35 轴心与零件 29 孔轴心重合，如图 3-81 所示。

（6）配电箱及传感器装配

导入零件 36、37、38-1，如图 3-82 所示。

运用"距离"命令将零件 36 装配至距零件 29 后端面 10mm、右端面 185mm 处，如图 3-83 所示。

运用"同心"命令将零件 37 装配至零件 36 孔中，如图 3-84 所示。

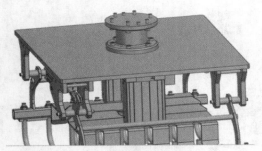

图 3-81   法兰装配结果

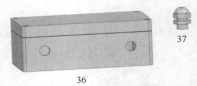

图 3-82   导入零件

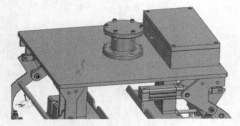

图 3-83   装配零件 36

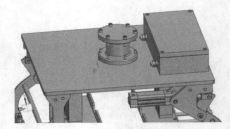

图 3-84   装配零件 37

导入图 3-85 所示零件。

运用"距离"命令将零件 38-1 装配至零件 29 上表面，之后使用"同心"命令将零件 39、40 装配至零件 38-1 对应孔中，如图 3-86 所示。

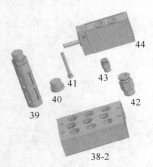

图 3-85   导入零件

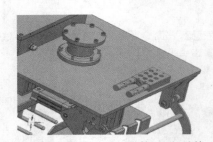

图 3-86   装配零件 38-1、零件 39 和零件 40

运用"同心"命令将零件 44 装配至零件 38-1 对应孔中，装配完成后分别将零件 41 和 42 装配至零件 38-1 对应孔中，零件 43 装配至零件 44 对应孔中，如图 3-87 所示。

图 3-87   本步装配结果

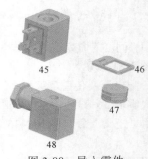

图 3-88   导入零件

导入图 3-88 所示零件至装配中。

运用"同心"命令将零件 45 装配至零件 44 上，之后以相同方法将零件 47 装配至零件 45 上，如图 3-89 所示。

运用"距离"命令将零件 46 装配至零件 45 上表面，如图 3-90 所示，之后运用相同方法完成零件 48 与零件 45 装配，如图 3-91 所示。

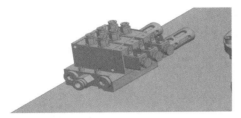

图 3-89　装配零件 45 和零件 47

图 3-90　装配零件 46

至此，码垛机械手装配完成，其三维模型如图 3-92 所示。

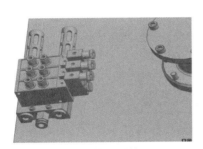

图 3-91　装配零件 48

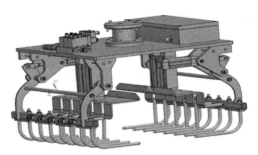

图 3-92　机械手装配结果

3.1.5　龙门桁架装配

（1）立柱装配

将图 3-93 所示零件导入装配。

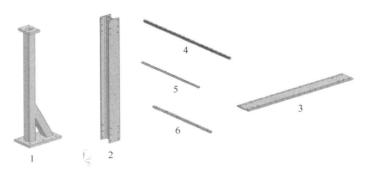

图 3-93　导入桁架零件

运用"同心"命令将零件 2 装配至零件 1 顶端，如图 3-94 所示。

运用"同心"命令将零件 3 安装至零件 2 上表面，零件 3 装配完成后，同样运用"同心"命令将零件 4 安装至零件 3 上表面凹槽处，如图 3-95 所示。

运用"距离"命令将零件 5 安装至零件 3 上表面，使零件 5 距离零件 3 前端 750mm，距零件 4 左侧 87mm，如图 3-96 所示。

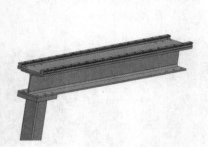

图 3-94　装配零件 2　　　　图 3-95　装配零件 3 和零件 4　　　　图 3-96　装配零件 5

运用"同心"命令将零件 6 装配至零件 5 上端，如图 3-97 所示。

导入图 3-98 所示螺母。

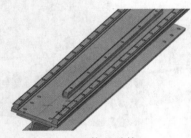

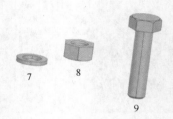

图 3-97　装配零件 6　　　　　　　　图 3-98　导入零件

运用"同心"命令将上一步导入的零件装配至零件 1 螺孔中，安装位置如图 3-99 所示。装配完成后如图 3-100 所示。

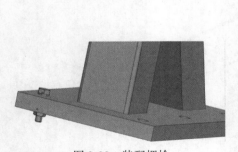

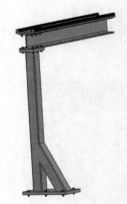

图 3-99　装配螺栓　　　　　　　图 3-100　螺栓装配结果

采用相同方式装配左侧剩余架体，装配完成如图 3-101 所示。

导入图 3-102 所示零件至装配中。

运用"同心"命令将零件 10 与零件 12 装配至零件 4 螺孔中，零件 10 装配至螺孔中，如图 3-103 所示。

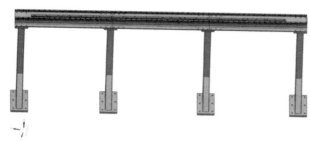

图 3-101　阵列立柱

图 3-102　导入零件

图 3-103　导轨螺栓装配

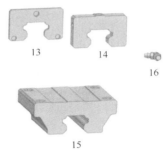

图 3-104　导入滑块零件

至此立柱部分零件装配方法已介绍完毕，本龙门桁架一侧需要 3 根立柱，其余立柱及零件采用复制、粘贴方式即可，装配方式与上述相同，不再阐述。

（2）横梁装配

导入图 3-104 所示零件。

运用"距离"命令将零件 13 装配至零件 4 上表面，距离零件 2 前端 1746mm，如图 3-105 所示。

运用"距离"命令将零件 14 装配至零件 4 上表面，并与零件 13 贴合，如图 3-106 所示。

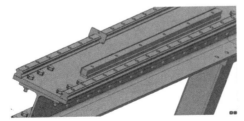

图 3-105　装配零件 13

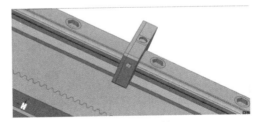

图 3-106　装配零件 14

同样，运用"距离"命令将零件 15 装配至零件 14 后方，如图 3-107 所示。

图 3-107　装配零件 15

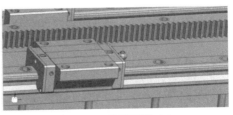

图 3-108　装配零件 16

运用"同心"命令将零件 16 装配至零件 13 孔中，同时以前述方法将零件 13、14 装配至零件 15 后方，如图 3-108 所示。此处一个滑块要装配两组零件 13 与零件 14，一组在零件 15 前，一组在零件 15 后。

以同样方式在导轨上装配其余三组滑块，安装完成后如图 3-109 所示。

将图 3-110 所示零件导入装配中。

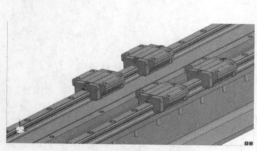

图 3-109　滑块装配结果

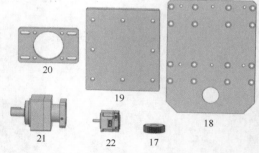

图 3-110　导入零件

运用"同心"命令将零件 18 装配至滑块上方，如图 3-111 所示。

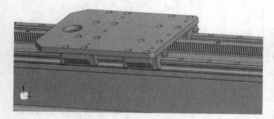

图 3-111　装配零件 18

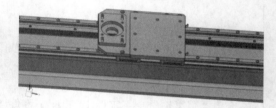

图 3-112　装配零件 19 和零件 20

运用"同心"命令将零件 19、20 装配至零件 18 上方，如图 3-112 所示。

运用"同心"命令将零件 21、22 装配至零件 20 上方，将零件 17 装配至零件 21 下方，同时与零件 3 贴合，使零件 17 轮齿嵌入零件 6 齿条中，如图 3-113 所示。

导入图 3-114 所示零件至装配中。

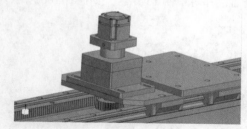

图 3-113　电机装配结果

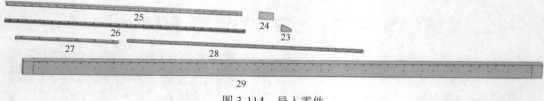

图 3-114　导入零件

运用距离命令将零件 23 装配至零件 19 上方，使零件 23 与零件 19 短边距离 0mm、长边距离 120mm，同时复制零件 19 装配至对称位置，如图 3-115 所示。

运用"距离"命令将零件 24 装配至零件 23 后方，如图 3-116 所示。

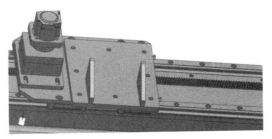

图 3-115　装配零件 23

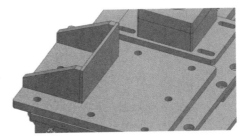

图 3-116　装配零件 24

运用"距离"命令将零件 29 装配至零件 24 后方，同时与零件 19 距离为 0mm，如图 3-117 所示。

运用"距离"命令将零件 25 装配至零件 29 上方，距离零件 29 左端距离为 300mm，如图 3-118 所示。

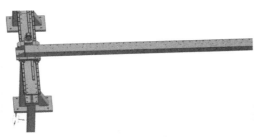

图 3-117　装配零件 29

图 3-118　装配零件 25

将零件 28 装配至零件 29 上方，左端与零件 25 端面重合，如图 3-119 所示。

复制零件 25，运用"距离"命令将零件 25 装配至零件 29 侧面，距离零件 29 左端 300mm，如图 3-120 所示。

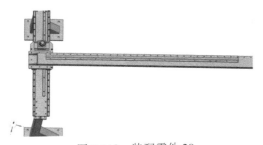

图 3-119　装配零件 28

图 3-120　复制并装配零件 25

运用"同心"命令将零件 26 装配至零件 25 上方，如图 3-121 所示。

运用"距离"命令将零件 27 装配至零件 28 上方，同时保证零件 27 与零件 28 左端重合，如图 3-122 所示。

运用相同方式，在零件 29 上方及侧面装配对应零件，装配完成后如图 3-123 所示。

采用"阵列组件"命令，将左侧立柱、导轨及滑块复制至右端，完成桁架立柱及横梁装配，如图 3-124 所示。

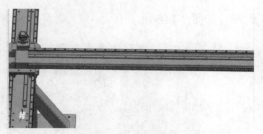

图 3-121　装配零件 26

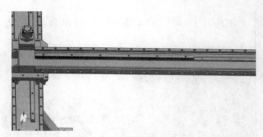

图 3-122　装配零件 27

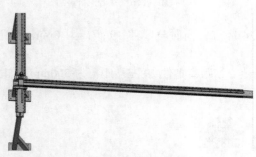

图 3-123　装配零件 29

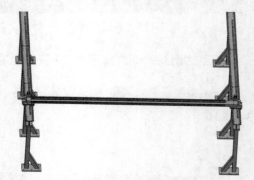

图 3-124　横梁装配结果

（3）滑枕及支架装配

　　复制零件 13～16 至装配中，将其组装成滑块 1，装配至距离零件 29 左端 3980mm 处，同时在滑块 1 右侧 450mm 处装配滑块 2，在零件 29 侧面与滑块 1、2 横向距离持平处装配滑块 3、4，如图 3-125 所示。

　　将零件 30 导入装配中，如图 3-126 所示。

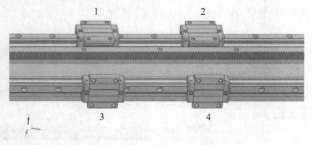

图 3-125　装配滑块

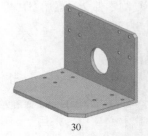

图 3-126　导入零件 30

　　运用"同心"命令使零件 30 上孔洞与滑块孔洞同心，装配完成后如图 3-127 所示。

图 3-127　装配零件 30

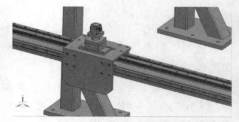

图 3-128　本步装配结果

复制零件 17、20、21 和 22 至装配中，运用同样的方法完成装配，如图 3-128 所示。
将图 3-129 所示零件导入装配中。

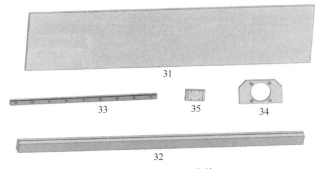

图 3-129　导入零件

　　运用"距离"命令将零件 31 装配至零件 30 正面，使零件 31 长边距离零件 30 长边 190mm、短边距离零件 30 上表面 1710mm，如图 3-130 所示。
　　运用"距离"命令将零件 32 装配至零件 31 正面，并使零件 31 与零件 32 长边和长边重合、短边和短边重合，并复制零件 32，使两个零件 32 沿零件 31 中心配置，如图 3-131 所示。

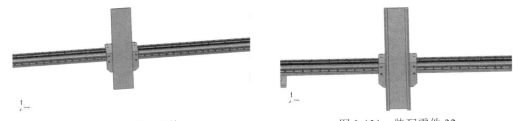

图 3-130　装配零件 31　　　　　　　　　　　图 3-131　装配零件 32

　　运用"距离"命令将零件 33 装配至零件 32 卡槽内，如图 3-132 所示。
　　运用"距离"命令将零件 35 装配至导轨（零件 33）上，距离零件 31 上表面 300mm，装配完成后在零件 35 下方 300mm 处复制零件 35 并装配，之后由零件 31 中线对称位置在另一根导轨上装配滑块，装配完成后如图 3-133 所示。
　　运用"距离"命令将零件 34 装配至零件 31 上表面，距离零件 31 侧面 105mm，复制零件 20、21 至装配中，采用上一步相同方法将零件 20、21 装配至零件 34 孔中，装配完成后如图 3-134 所示。

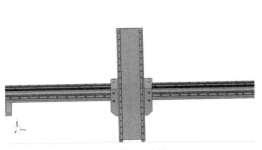
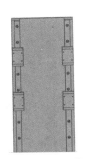

图 3-132　装配零件 33　　　　　图 3-133　装配零件 35　　图 3-134　本步装配结果

将图 3-135 所示零件导入装配中。

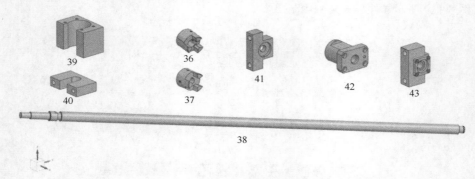

图 3-135　导入零件

运用"距离"命令将零件 36 装配至零件 21 下端，使零件 36 凹槽与零件 21 下端凸台契合，同时距离零件 34 下表面 75mm，之后将零件 37 装配至零件 36 下方，如图 3-136 所示。

运用"距离"命令将零件 38 装配至零件 37 孔中，并使零件 38 上表面距离零件 34 下表面 164mm，如图 3-137 所示。

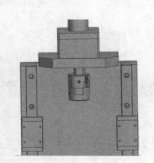

图 3-136　装配零件 36 和零件 37

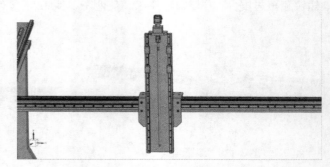

图 3-137　装配零件 38

运用"距离"命令将零件 43 装配至零件 38 上，使两零件中心线重合，同时使零件 43 距离零件 37 下表面 67mm，零件 43 装配完成后，将零件 40 装配至零件 43 下方，装配完成后如图 3-138 所示。

同样，将零件 39、40、41、42 装配至零件 38 上，使零件 42 距离零件 40 下表面 750mm，零件 39 位于零件 42 下方，零件 41 距离零件 39 下表面 1437mm，复制的零件 40 安装至零件 41 下方，如图 3-139 所示。

图 3-138　装配零件 43 和零件 40

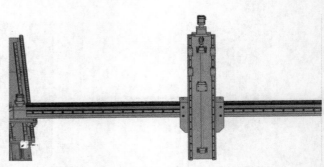

图 3-139　装配结果

将图 3-140 所示零件导入装配中。

运用"同心"命令将零件 44 装配至滑块（零件 35）上，之后运用"同心"命令将零件 45 装配至零件 44 上，"同心"命令选择的孔为零件 44 中心四个孔，如图 3-141 所示。

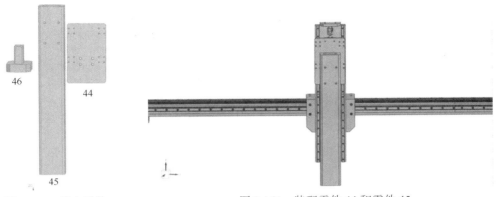

图 3-140 导入零件 　　　　　　　　图 3-141 装配零件 44 和零件 45

运用"距离"命令将零件 46 装配至零件 45 下方孔中，装配完成后将夹爪导入装配中，将夹爪上方法兰盘装配至零件 46 下方孔中，完成机械手装配，如图 3-142 所示。

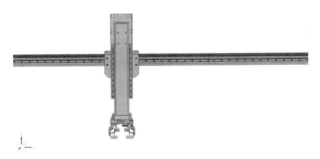

图 3-142 装配零件 46

导入地面，将地面装配至立柱下方，至此，桁架装配完成，如图 3-143 所示。

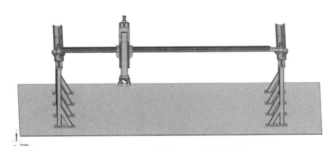

图 3-143 码垛机械手装配结果

3.1.6 码垛机械手数字传感器定义

（1）定义刚体

装配完成后，选中菜单栏中的应用模块→更多（设计栏中）→机电概念设计，进入 NX-MCD。

首先选中地面，并将其定义为刚体，并命名为地面，如图 3-144 所示。

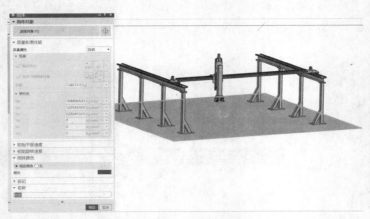

图 3-144　定义地面刚体

打开"刚体"命令，选中立柱装配部分所有组件，将其定义为刚体，并命名为立柱，如图 3-145 所示。

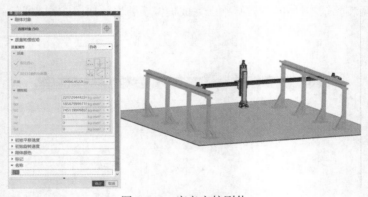

图 3-145　定义立柱刚体

选中横梁装配部分，将其定义为刚体，并命名为横梁，如图 3-146 所示。

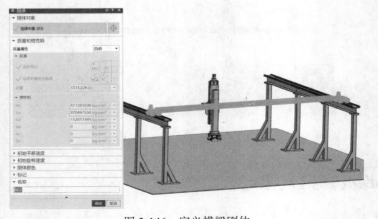

图 3-146　定义横梁刚体

选中图 3-147 所示的零件，将其定义为刚体，并命名为滑枕支架。

图 3-147 定义滑枕支架刚体

选中图 3-148 所示组件，定义为刚体并命名为滑枕。

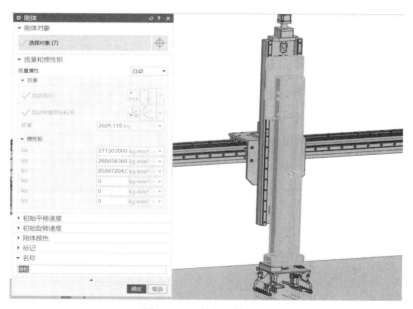

图 3-148 定义滑枕刚体

选中图 3-149 所示机械手零件，定义为刚体并命名为机械手主体。

选择机械手中伸缩气缸，定义为刚体，如图 3-150 所示（图定义的为右侧伸缩气缸，左侧与右侧方法一致）。

选中右侧伸缩气缸内推杆，定义刚体（左侧推杆与右侧定义方法一致），如图 3-151 所示。

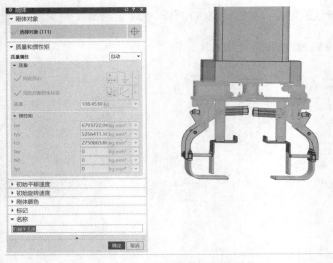

图 3-149　定义机械手主体刚体

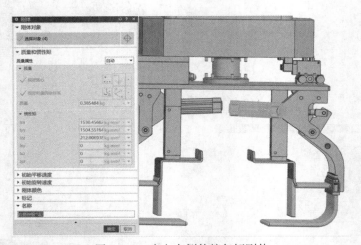

图 3-150　定义右侧伸缩气缸刚体

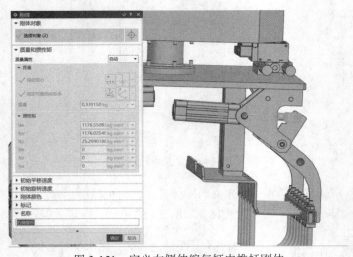

图 3-151　定义右侧伸缩气缸内推杆刚体

选中图 3-152 所示零件，将其定义为刚体，并命名为右侧夹爪（左侧夹爪与右侧定义一致）。

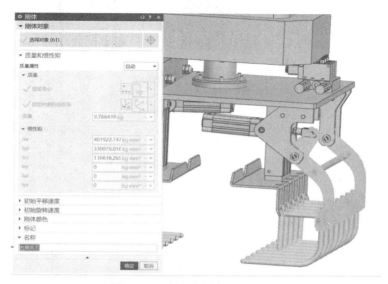

图 3-152　定义右侧夹爪刚体

选中图 3-153 所示零件，将其定义为刚体，并命名为滚筒右-前，滚筒零件一共有四个，其余三个以相同方法配置。

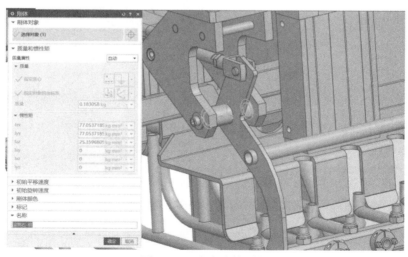

图 3-153　定义滚筒刚体

选中图 3-154 所示零件，将其定义为刚体，并命名为右侧推手（左侧推手以同样方式配置）。

至此，所有刚体配置完成，配置完成后所有刚体如图 3-155 所示。

（2）运动副与约束设置

将地面的运动副设置为固定副，连接体为地面，基本体可不必选择，系统默认为大地。如图 3-156 所示。

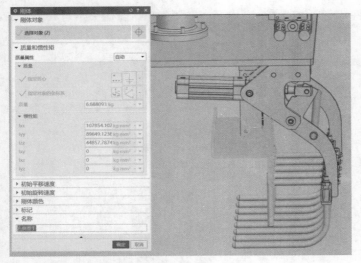

图 3-154　定义右侧推手刚体

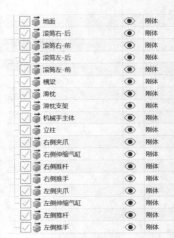

图 3-155　刚体定义结果

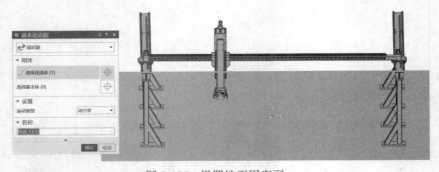

图 3-156　设置地面固定副

运用"固定副"命令，将立柱固定至地面上（连接体选择立柱，基本体选择地面），如图 3-157 所示。

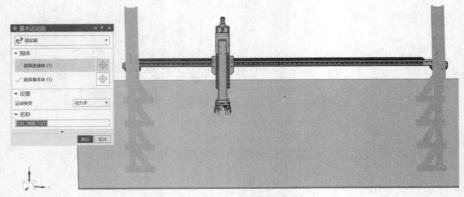

图 3-157　设置立柱固定副

运用"滑动副"命令，将横梁与立柱的关系设置为滑动关系，轴矢量方向选择 X 负方向，如图 3-158 所示。

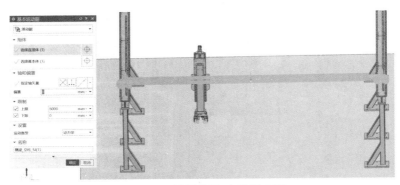

图 3-158　设置横梁-立柱滑动副

运用"滑动副"命令，将滑枕支架和横梁的运动关系设置为滑动关系，轴矢量方向设置为 Y 方向，如图 3-159 所示。

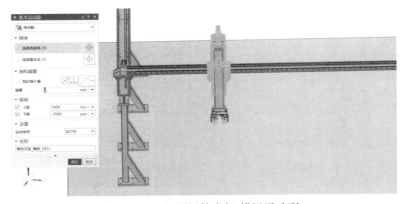

图 3-159　设置滑枕支架-横梁滑动副

运用"滑动副"命令，将滑枕和滑枕支架的运动关系设置为滑动关系，轴矢量方向设置为 Z 负方向。如图 3-160 所示。

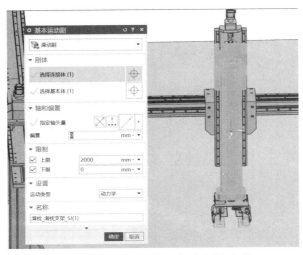

图 3-160　设置滑枕-滑枕支架滑动副

运用"固定副"命令将机械手主体固定至滑枕上，如图 3-161 所示。

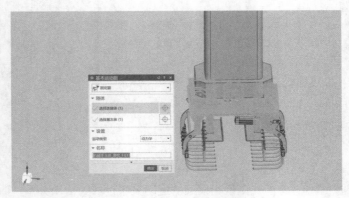

图 3-161　设置机械手主体-滑枕固定副

运用"固定副"命令，分别将两侧伸缩气缸固定至机械手主体上，如图 3-162 所示。

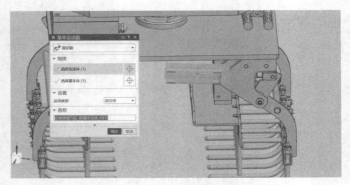

图 3-162　设置气缸-机械手主体固定副

运用"滑动副"命令，分别将两侧伸缩气缸内推杆与伸缩气缸关系设置为滑动，运动方向为推杆收缩方向，如图 3-163 所示。

图 3-163　设置推杆-气缸滑动副

运用"铰链副"命令分别将两侧夹爪与推杆运动关系设置为转动关系，选中轴矢量，点击夹爪处垫片，即可同时完成轴矢量及锚点设置，如图 3-164 所示。

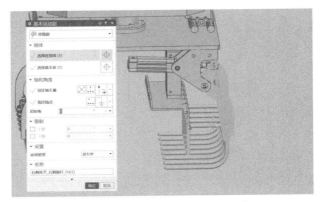

图 3-164　设置夹爪-推杆铰链副

运用滑动副命令，分别将两侧推手与机械手主体运动关系设置为滑动关系，如图 3-165 所示。

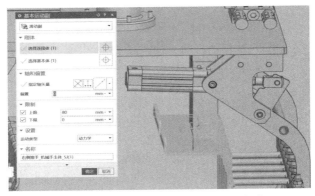

图 3-165　设置推手-机械手主体滑动副

将机械手四个滚筒与机械手主体间关系设置为转动关系，本次以"滚筒右前"为例，同样，轴矢量选中垫片边缘即可，锚点会自动生成，如图 3-166 所示。

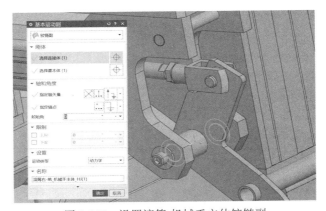

图 3-166　设置滚筒-机械手主体铰链副

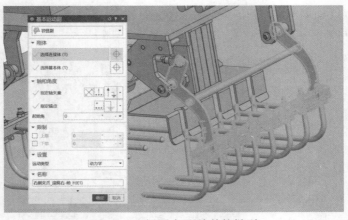

图 3-167　设置夹爪-滚筒铰链副

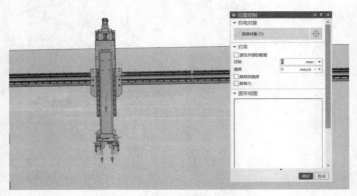

图 3-168　运动副设置结果

滚筒设置完毕后，以同样的方式分别设置两夹爪与四个位置滚筒的运动关系为转动关系，本例依旧以"滚筒前-右"为例，如图 3-167 所示。

至此，所有运动副与约束设置完毕，设置完成后所有约束如图 3-168 所示。

（3）传感器及执行器定义

在上方功能栏中选择位置控制，选中横梁与立柱间的滑动副，如图 3-169 所示设置（读者亦可在位置控制中设置速度及目标，本书将在后续仿真序列中设置目标及速度，可以使仿真运动设置更加灵活，同时，仿真序列名称设置应尽量与实际运动贴合，方便后续设置运动顺序及后续调试）。

与上一步相同，设置滑枕支架与横梁之间状态、滑枕与滑枕支架状态如图 3-170 所示。

打开"位置控制"命令，分别选中伸缩气缸与伸缩气缸内推杆间滑动副，推手与升降气缸间滑动副，如图 3-171 所示进行设置。

图 3-169　设置横梁位置控制

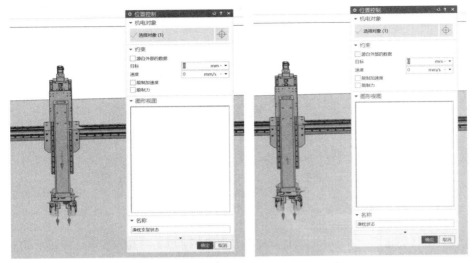

图 3-170 设置滑枕支架、滑枕位置控制

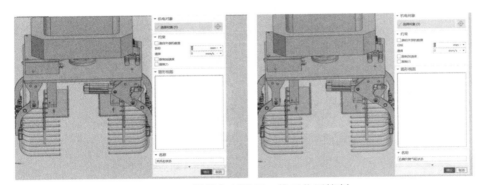

图 3-171 设置气缸推杆、推手位置控制

至此，所有传感器及执行器设置完毕，如图 3-172 所示

图 3-172 传感器、执行器设置结果

3.1.7 码垛机械手运动仿真

（1）设置仿真序列

① 设置桁架及夹爪初始位置。打开仿真序列功能，分别选中"横梁位置"及"滑枕支架"位置控制，如图 3-173 所示。

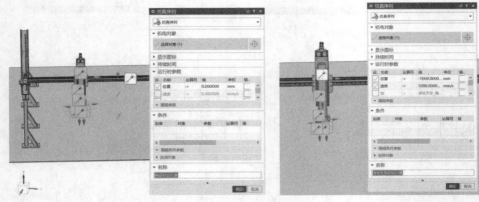

图 3-173　设置桁架及夹爪初始位置

② 设置取件仿真序列。选中"滑枕状态"及"机械手状态"位置控制，设置滑枕下降及机械手张开仿真序列（左侧机械手应一并设置，设置参数及方法与右侧一致），如图 3-174 所示。

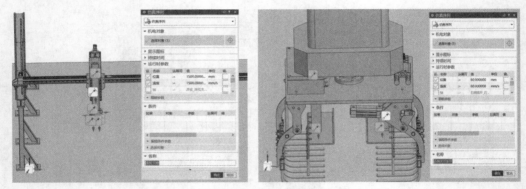

图 3-174　设置滑枕下降及机械手张开仿真序列

③ 设置机械手抓取及推手伸出仿真序列。与上一步相似，打开仿真序列命令，选中对应位置控制后，如图 3-175 所示设置参数即可（本例同样只设置了一侧，另一侧以相同方式设置即可）。

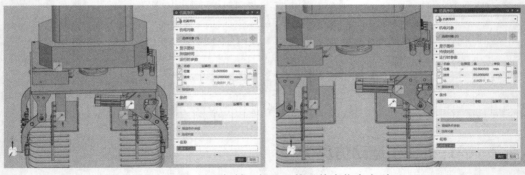

图 3-175　设置机械手抓取及推手伸出仿真序列

④ 设置机械手抓取后桁架运动仿真序列。同样选中对应的位置控制，按照如图 3-176 所示顺序设置仿真参数即可。

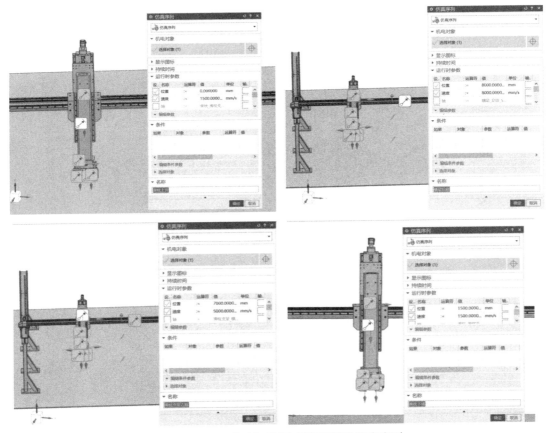

图 3-176　设置机械手抓取后桁架运动仿真序列

⑤ 设置夹爪放置物料运动。按图 3-177 所示方式及顺序设置仿真序列，设置方式与前面设置夹爪及推手一致，不再赘述。

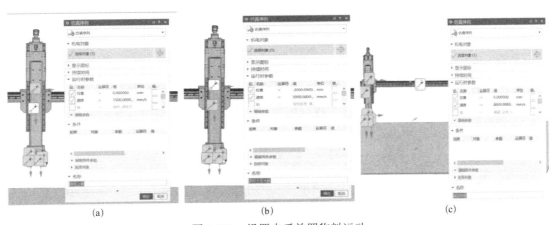

（a）　　　　　　　　　　　　（b）　　　　　　　　　　　　（c）

图 3-177　设置夹爪放置物料运动

至此，所有仿真序列设置完毕，设置完成后如图 3-178 所示。

（2）设置仿真运动顺序

① 设置连接关系。将鼠标停留至时间序列，待鼠标变为样式时即可与其他序列连线，选择仿真进行顺序，仿真接线图如图 3-179 所示。

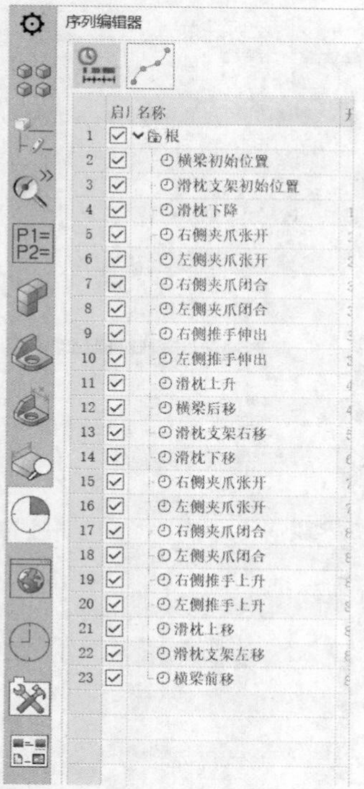

图 3-178 仿真序列设置结果

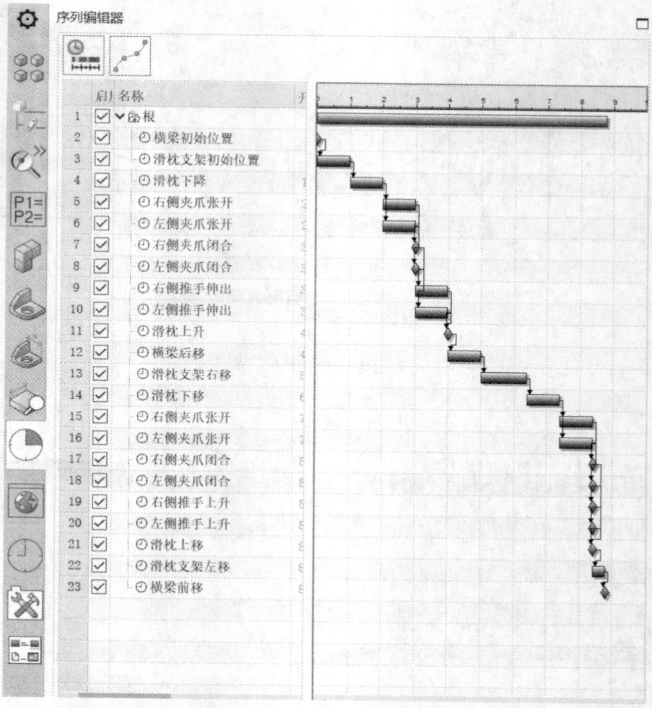

图 3-179 设置连接关系

② 仿真实现。本次仿真实现流程为：滑枕支架及横梁到达初始位置→滑枕下降→两侧夹爪张开→两侧夹爪闭合抓取→两侧伸缩气缸伸出固定物料→滑枕上升→横梁后移运送物料→滑枕支架右移→滑枕下降→两侧夹爪张开→两侧夹爪闭合→两侧伸缩气缸缩回→滑枕上升→滑枕支架左移→横梁前移，运行效果图如图 3-180 所示。

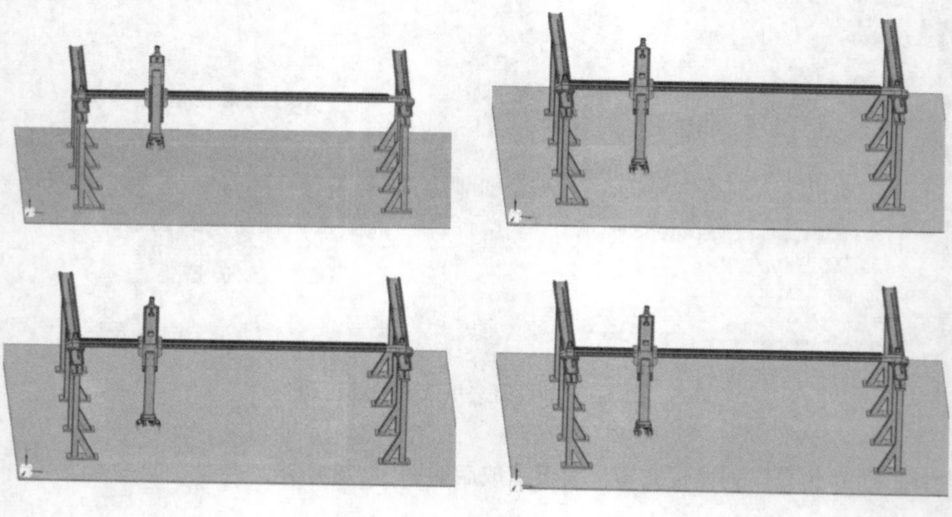

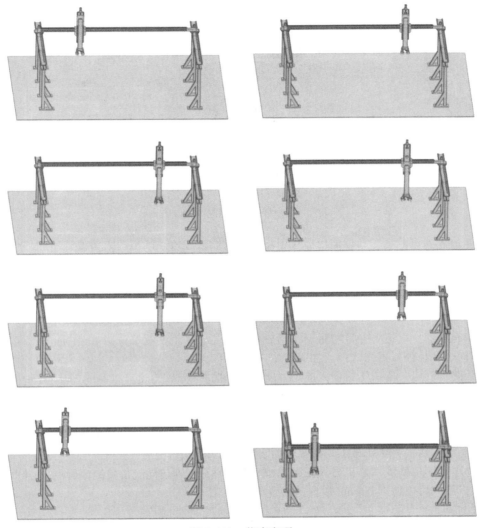

图 3-180 仿真实现

3.2 NX-MCD：ABB 机器人建模

3.2.1 ABB 机器人选型

在选择工业机器人前要弄明白工业机器人的用途，每种行业都有专业的机器人可供选择，比如焊接、切割、喷涂等行业，在确定好应用场合后，需要根据机器人的参数确定所需要的型号。图 3-181 所示为 ABB 机器人。

机器人选型参数有：有效负载、最大动作范围、运转速度、防护等级、自由度（轴数）、机器人本体重量、重复定位精度等。

① 有效负载　是机器人在其工作空间可以携带的最大负荷，例如可以 3kg 到 1300kg 不等。如果机器人需要将目标工件从一个工位搬运到另一个工位，需要注意将工件的重量以及机器人手爪的总重量加到其工作负荷。另外特别需要注意的是机器人的负载曲线，在空间范围的不同距离位置，实际负载能力会有差别。

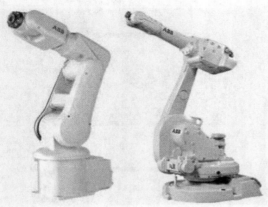

图 3-181　ABB 机器人

② 最大动作范围　当评估目标应用场合的时候，应该了解机器人需要到达的最大距离。选择一个机器人不是仅仅凭它的有效载荷——也需要综合考量它到达的确切距离。机器人的最大垂直高度的量测是从机器人能到达的最低点（常在机器人底座以下）到手腕可以达到的最大高度的距离。最大水平活动距离是从机器人底座中心到手腕可以水平达到的最远点的中心的距离。

③ 运转速度　这个参数与每一个用户息息相关，这项参数单位通常以(°)/s 计。有的机器人制造商也会标注机器人的最大加速度。

④ 防护等级　取决于机器人应用时所需要的防护等级。与食品相关的产品、实验室仪器、医疗仪器一起工作或者处在易燃的环境中的机器人，其所需的防护等级各有不同。

⑤ 自由度（轴数）　机器人轴的数量决定了其自由度。

⑥ 机器人本体重量　对于设计机器人单元也是一个重要的参数。如果工业机器人需要安装在定制的工作台甚至轨道上，需要知道它的重量并设计相应的支撑。

⑦ 重复定位精度　是机器人在完成每一个循环后，到达同一位置的精确度/差异度。通常来说，机器人可以达到 0.5mm 以内的精度。

3.2.2　ABB 机器人运动过程分解

将机器人的运动过程分解为两种子过程，即自由运动过程和约束运动过程，图 3-182 所示为自由运动过程，图 3-183 和图 3-184 为约束运动过程。复杂的机器人任务可以看作是这两种子过程的组合。在自由运动阶段，着重研究机器人的轨迹规划技术。在约束运动阶段，着重研究机器人的路径规划技术。

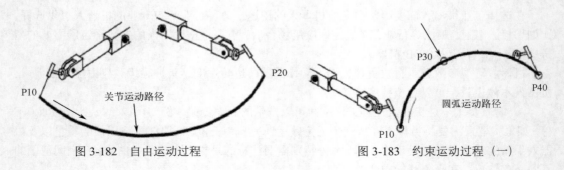

图 3-182　自由运动过程　　　　图 3-183　约束运动过程（一）

机器人自由运动时，末端执行器不受人为约束。
轨迹规划的目标是寻找一条使机器人通过这些路径
点所消耗时间最短的轨迹，约束条件是各关节运动的
最大速度、最大加速度、最大加加速度，并且要求各
关节运动加速度连续。机器人约束运动时，末端执行

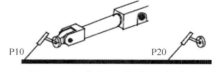

图 3-184　约束运动过程（二）

器需要按照预设的路径进行作业。采用特征映射技术，通过在虚拟环境中将工件的设计特征映
射为制造特征，使机器人根据识别出的特征自动进行运动导航。

3.2.3　ABB 机器人数模导入与组装

ABB 官网下载机器人数模，模型文件为 stp 格式，导入 NX-MCD 中进行装配，如图 3-185
所示。

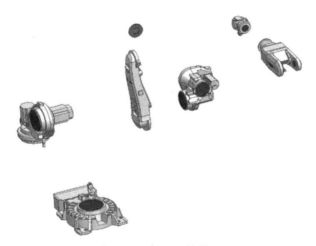

图 3-185　机器人数模导入

导入机器人数模后，需要对机器人各个关节进行组装，使用机电概念设计中装配工具栏的约
束命令，对每个相邻关节进行距离约束和同轴约束，如图 3-186 所示，完成机器人数模的组装。

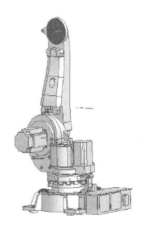

图 3-186　机器人数模组装

3.2.4 串联 6 轴工业机器人机构定义

在 NX-MCD 中对机器人进行定义，首先将机器人各部分定义为刚体，每个部分都需要定义，如图 3-187 所示。

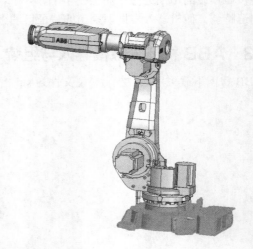

图 3-187 机器人关节刚体定义

之后定义机器人关节间运动副关系，如图 3-188 所示，机器人底座定义为固定副。转动关节设置为铰链副，选择基本体与连接体，旋转轴为机器人关节轴，如图 3-189 所示。

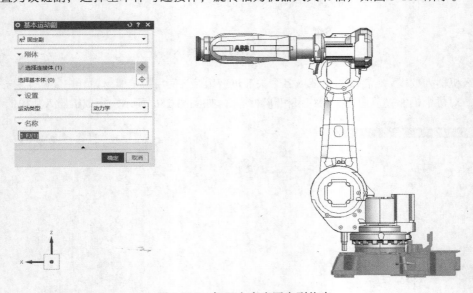

图 3-188 机器人底座固定副约束

按此方法依次串联起机器人关节，完成机器人机构定义。在法兰盘处，会安装有机器人工具，如焊枪、抓具、吸盘、胶枪等。在进行机器人机构定义时，可以将工具与法兰盘定义在一起。

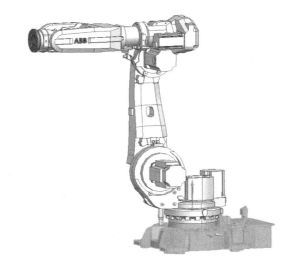

图 3-189　机器人关节铰链约束

3.2.5　ABB 机器人数字传感器定义

机电概念设计环境中，进入主页可以创建距离传感器。使用距离传感器命令将距离传感器附加到刚体上，距离传感器提供从传感器到最近的碰撞体的距离反馈。

选择距离传感器定义，对象选择吸盘与法兰，将传感器指定点定义在吸盘表面中心位置，可以根据需求调整传感器开口角度和范围，如图 3-190 所示。

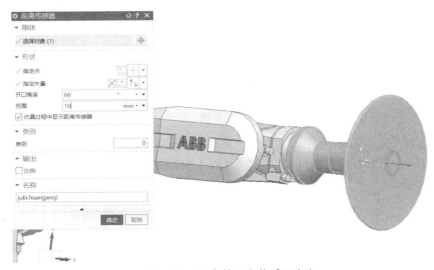

图 3-190　吸盘处距离传感器定义

机器人工作生产线上可以定义多种传感器，对于物料的搬运，还可以使用位置传感器或碰撞传感器。位置传感器连接到现有的运动副或者位置控制器上，位置传感器提供运动副或者位置控制的线性位置或者角度的反馈。位置传感器可以将检测到的位置或者角度按比例转换成常数、电压或电流输出。碰撞传感器依附在几何体上，用来提供对象之间的反馈。用户可以选择不同的形状来封装几何体以形成检测区域，如图 3-191 所示。

图 3-191   碰撞传感器与位置传感器

3.2.6   ABB 机器人运动仿真

使用路径约束运动副，测试机器人机构定义、关节定义是否正确，通过约束一段机器人运动路径，对机器人运动姿态进行查看。点击"基本运动副"，选择路径约束运动副，如图 3-192所示，依次添加运动路径方位，最后回到机器人初始位置。

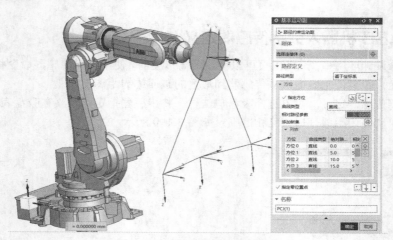

图 3-192   路径约束运动副定义

为了让机器人进行运动仿真，给路径约束运动副添加速度控制，对象栏选择路径约束运动副，给定速度值，如图 3-193 所示。之后点击"仿真"播放，可以看到机器人按照路径约束运动副路径进行运动。

图 3-193   速度控制定义

3.3　NX-MCD 数控铣床建模

3.3.1　数控铣床方案设计

（1）按有无刀库分类

数控铣床是在一般铣床的基础上发展起来的一种自动加工设备,加工工艺与一般铣床基本相同,结构也有些相似。数控铣床又分为不带刀库和带刀库两大类,其中带刀库的数控铣床又称为加工中心,如图 3-194（a）、（b）所示分别是不带刀库和带刀库的数控铣床。另外,一般来说数控铣床是三轴控制的,而加工中心可以增加到四轴和五轴控制。

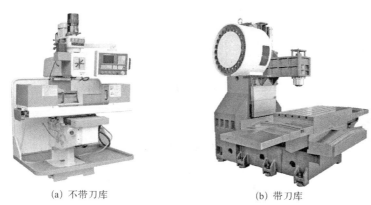

(a) 不带刀库　　　　　　　　　　　　(b) 带刀库

图 3-194　按有无刀库分类

（2）按主轴的位置分类

按主轴的位置分类,数控铣床可分为立式数控铣床和卧式数控铣床,其中立式数控铣床的主轴垂直布置,而卧式数控铣床的主轴水平布置,此外还有立卧两用式的数控铣床。图 3-195（a）和（b）分别是立式和卧式数控铣床。

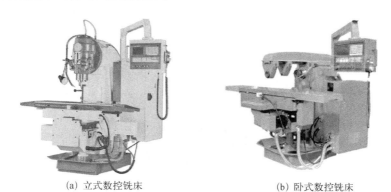

(a) 立式数控铣床　　　　　　　　　　(b) 卧式数控铣床

图 3-195　立式和卧式数控铣床

（3）按机床构造分类

按机床的构造分为工作台移动式和工作台固定式数控铣床,如图 3-196 所示。其中工作台移动式数控铣床采用工作台移动、升降,而主轴不动的形式,一般小型数控铣床采用此种方式;工作台固定式数控铣床采用主轴头纵向、横向以及上下运动的形式。

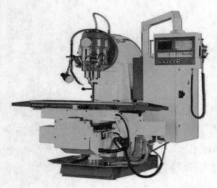

图 3-196 按机床构造分类

这里我们选择立式主轴移动式数控机床进行结构设计，数控铣床的主要技术参数有：定位精度、重复定位精度、工作台面积、左右行程（X 方向行程）、前后行程（Y 方向行程）、上下行程（Z 方向行程）、主轴最高转速、进给速度、主电机功率等。

3.3.2 数控铣床零件建模

数控铣床主要由床身、铣头、纵向工作台、横向床鞍、升降台、电气控制系统等组成，此处以纵向工作台为例，介绍在 NX 中建模的方法。

首先在 XY 平面上建立如图 3-197 所示的草图，点击"完成"结束草图的创建，点击"拉伸"特征，起始值输入 0，终止值输入 170，如图 3-198 所示。

如图 3-199 所示，在上一步建立的长方体的前端面上建立草图，原点选择上边框的中点，建立图 3-200 所示的草图，点击"完成"结束草图的绘制，点击"拉伸"特征命令，起始值输入 0，终止值选择"直至下一个"，布尔运算选择求差，体选择上一步建立的长方体，如图 3-201 所示。

图 3-197 绘制草图（一）

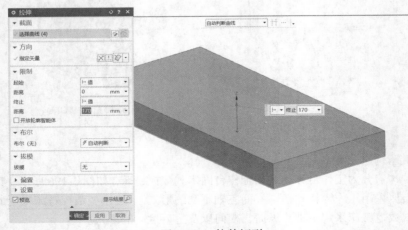

图 3-198 拉伸矩形

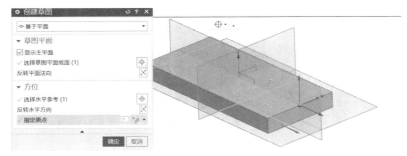

图 3-199　选择草图平面（一）

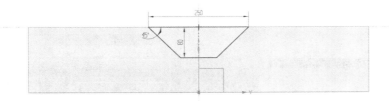

图 3-200　绘制草图（二）

图 3-201　拉伸切除（一）

在上表面上建立草图，草图平面的设置如图 3-202 所示，建立图 3-203 所示的草图，点击"完成"结束草图的绘制，点击"拉伸"特征命令，终止值选择"直至下一个"，布尔运算选择"求差"，如图 3-204 所示，点击"确定"完成拉伸切除特征的创建。

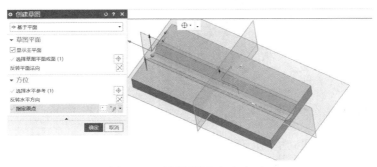

图 3-202　选择草图平面（二）

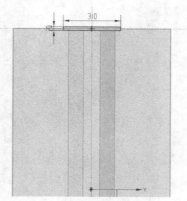

图 3-203　绘制草图（三）

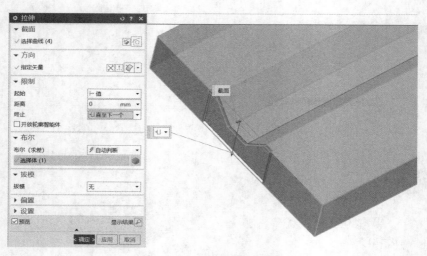

图 3-204　拉伸切除（二）

在上表面上新建草图，草图基准面的设置如图 3-205 所示，建立图 3-206 所示的草图，点击"完成"结束草图的绘制，点击"拉伸"特征命令，具体的设置如图 3-207 所示。

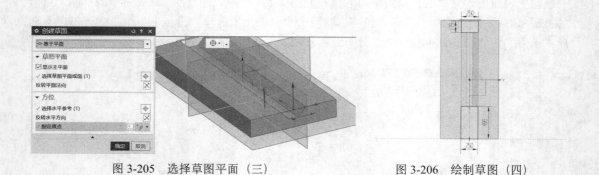

图 3-205　选择草图平面（三）　　　　　　　图 3-206　绘制草图（四）

在切出的凹槽上表面建立草图，草图平面的设置如图 3-208 所示，建立图 3-209 所示的草图，选择"拉伸"特征命令，具体的设置如图 3-210 所示。

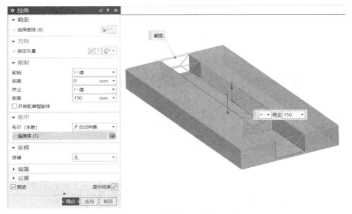

图 3-207　拉伸切除（三）

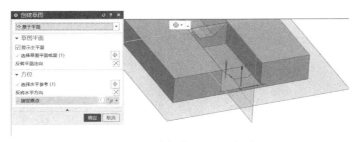

图 3-208　选择草图平面（四）

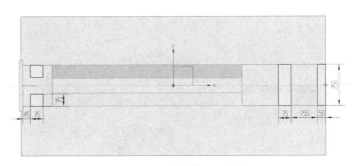

图 3-209　绘制草图（五）

图 3-210　拉伸凸台

在上表面新建草图，草图基准面的设置如图 3-211 所示，绘制图 3-212 所示的草图，由于是对称的结构，可以先绘制一侧，另一侧使用镜像命令即可，点击"拉伸"特征命令，具体设置如图 3-213 所示。

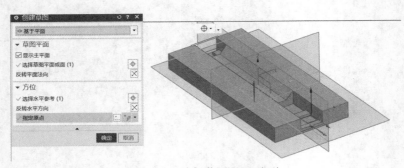

图 3-211　选择草图平面（五）

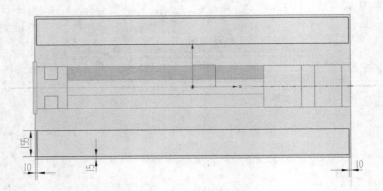

图 3-212　绘制草图（六）

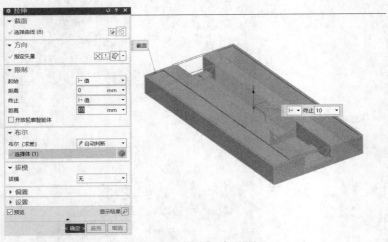

图 3-213　拉伸切除（四）

在上一步切出的凹槽的端面新建草图，草图基准面的设置如图 3-214 所示，绘制图 3-215 所示的草图，如图 3-216 所示，用镜像命令镜像出另一侧的草图，选择"拉伸"特征命令，具体设置见图 3-217。

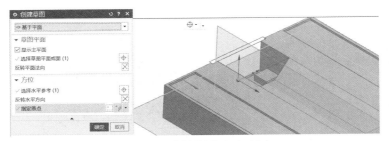

图 3-214　选择草图平面（六）

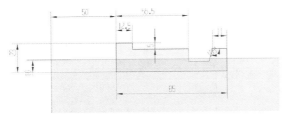

图 3-215　绘制草图（七）

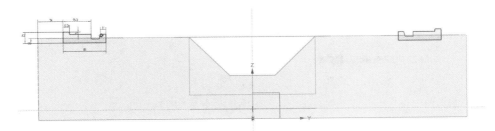

图 3-216　镜像草图

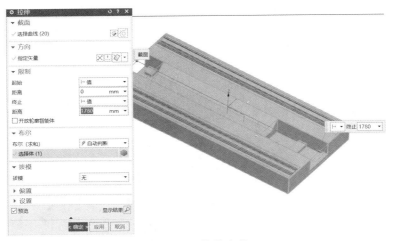

图 3-217　拉伸实体

在工作台的左侧端面上新建草图，草图基准面的设置如图 3-218 所示，绘制图 3-219 所示的草图，并用"阵列曲线"命令阵列绘制的草图，如图 3-220 所示，使用"拉伸"特征命令，具体设置见图 3-221。使用"镜像特征"命令将拉伸切除特征镜像到另一侧，镜像平面选择 XZ平面，如图 3-222 所示。

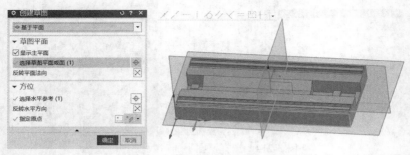

图 3-218　选择草图平面（七）

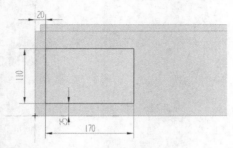

图 3-219　绘制草图（八）

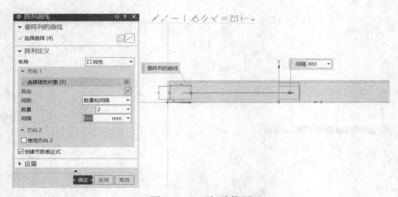

图 3-220　阵列草图

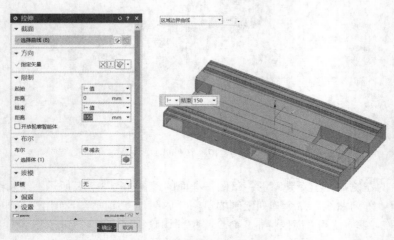

图 3-221　拉伸切除（五）

图 3-222　镜像特征

在底面新建草图，草图平面的设置如图 3-223 所示，绘制图 3-224 所示的六个直径为 12mm 的圆，使用"拉伸"特征命令，具体的参数设置如图 3-225 所示，使用"阵列特征"命令将圆孔特征阵列，如图 3-226 所示。

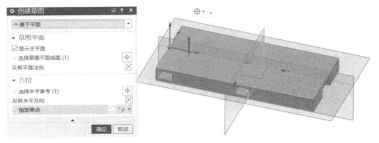

图 3-223　选择草图平面（八）

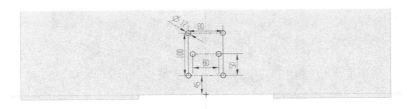

图 3-224　绘制草图（九）

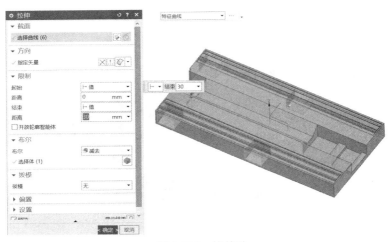

图 3-225　拉伸孔

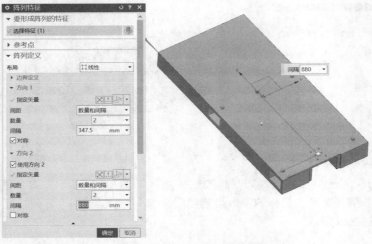

图 3-226　阵列孔特征

3.3.3　数控铣床组装

这一节将以纵向工作台为例，介绍 NX 中机床的装配。导入图 3-227 所示纵向工作台的所有待装配零件。

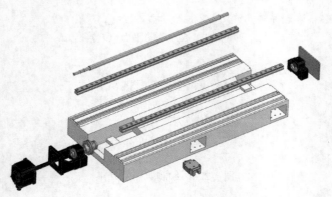

图 3-227　纵向工作台零件

点击"装配约束"，约束类型选择固定约束，对象选择纵向工作台，如图 3-228 所示。

图 3-228　纵向工作台固定约束

　　点击"接触对齐"，对象选择导轨的底面和纵向工作台导轨安装槽的上表面，如图 3-229 所示。同样的配合方式将导轨的端面与安装槽的端面对齐，如图 3-230 所示，将导轨的侧面与安装槽的侧面接触对齐，如图 3-231 所示。同样的步骤将另一侧的导轨装配到纵向工作台上。

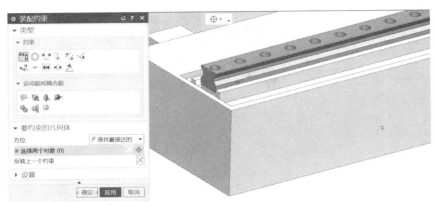

图 3-229　导轨底面与工作台接触对齐

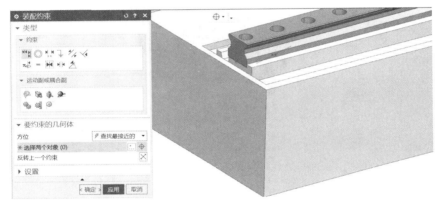

图 3-230　导轨端面与工作台接触对齐

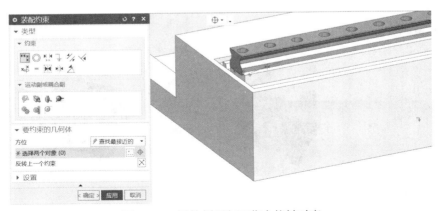

图 3-231　导轨侧面与工作台接触对齐

　　如图 3-232 所示，装配类型选择同心，对象选择电机凸台的下边线和电机安装支架孔的边线，装配结果如图 3-233 所示。

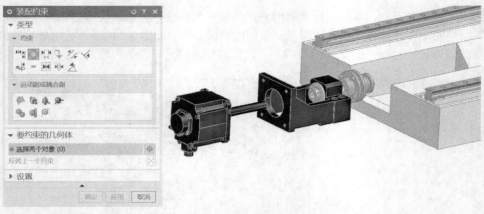

图 3-232　电机与支架同心约束

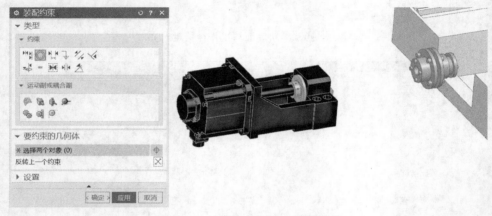

图 3-233　电机与支架同心装配结果

点击"平行约束"，对象分别选择图 3-234 中所示的两个面，完成电机和支架的装配，联轴器用同心和距离约束装配到电机轴上。

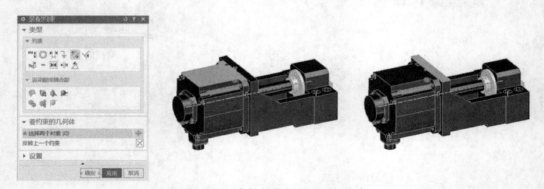

图 3-234　电机与支架平面平行约束

最后介绍一下阵列组件命令，首先将左上角的直线导轨滑块装配到纵向工作台上，再使用阵列组件命令将直线导轨滑块阵列，具体参数如图 3-235 所示。最终装配的纵向工作台如图 3-236 所示。

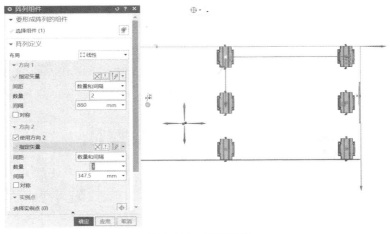

图 3-235　阵列组件

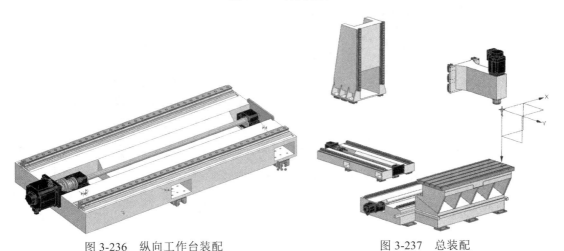

图 3-236　纵向工作台装配　　　　　　　　图 3-237　总装配

　　将各部分模块组装后，新建一个装配体，如图 3-237 所示，进行最后的总装配。在模块化装配完成后，总装配的思路就比较清晰了，简而言之就是将直线导轨与直线导轨滑块进行装配。

　　首先将床身固定，使用固定约束，对象选择床身，如图 3-238 所示。

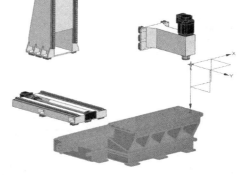

图 3-238　床身固定副设置

如图 3-239 和图 3-240 所示,分别将导轨和导轨滑块接触面配合,装配结果如图 3-241 所示。

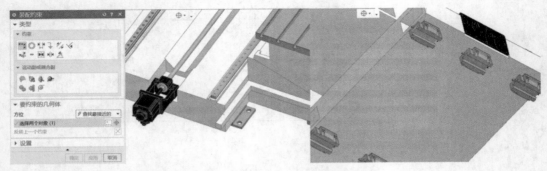

图 3-239　导轨顶面、滑块底面接触对齐

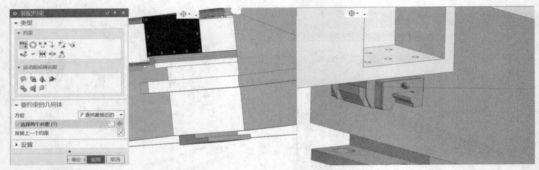

图 3-240　滑块、导轨侧面接触对齐

其他部分的配合类似,将各部分组装后的模型如图 3-242 所示。

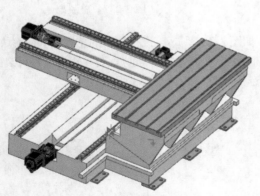

图 3-241　导轨与滑块装配结果

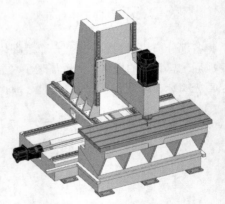

图 3-242　最终装配结果

3.3.4　数控铣床数字传感器定义

在检查配合关系无误后,保存文件,将所有的配合关系删除,因为有些装配关系可能会影响仿真环境下机床的正常运行。之后点击"应用模块"设计模块下的"更多",在下拉列表中选择机电概念设计选项,进入机电概念设计模块,如图 3-243 所示。

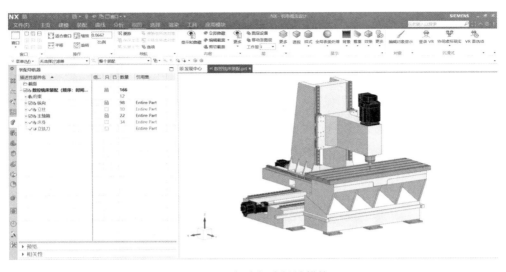

图 3-243　机电概念设计模块

（1）定义刚体

为了降低仿真的难度,将忽略传动系统设置而直接将机床中一起运动的部件设置为一个刚体, 这样经过简化一共有五个刚体,分别是床身（包括横向导轨及工作台）、纵向导轨、垂向导轨、主轴箱以及铣刀。下面分别定义这五个刚体。

① 床身　选择"刚体"命令,如图 3-244 所示,将横向导轨以及工作台定义为一个刚体, 并将名称设置为"床身",点击"应用",完成床身刚体的定义。

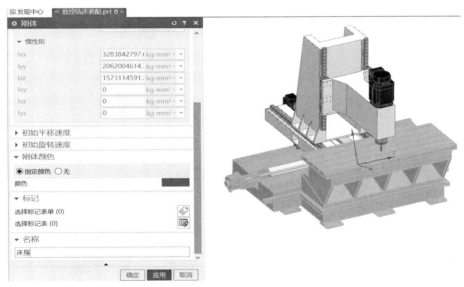

图 3-244　床身刚体定义

② 纵向导轨　纵向导轨的刚体定义如图 3-245 所示,在选择时可以将其他部件隐藏,以免多选或漏选的情况出现。

③ 垂向导轨　垂向导轨的刚体定义如图 3-246 所示,主轴箱沿着垂向导轨做垂直方向的运动。

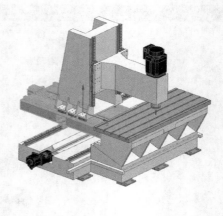

图 3-245　纵向导轨刚体定义

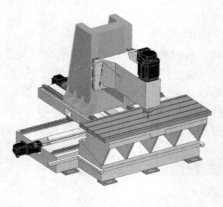

图 3-246　垂向导轨刚体定义

④ 主轴箱　主轴箱的刚体定义如图 3-247 所示。

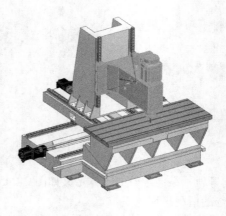

图 3-247　主轴箱刚体定义

⑤ 铣刀　铣刀刚体定义如图 3-248 所示。

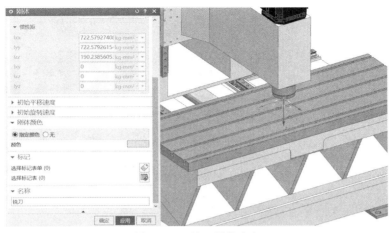

图 3-248　铣刀刚体定义

（2）设置运动副

数控铣床的运动副主要有床身的固定副，X、Y、Z 三个方向的移动副和一个铣刀的旋转副。

① 床身固定副　点击"基本运动副"，在下拉列表中选择"固定副"，连接体选择床身刚体，基本体不选择默认是地面，命名为"床身固定副"，点击"应用"，如图 3-249 所示，这样就建立了与地面固定的床身固定副。

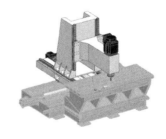

图 3-249　床身固定副

② X 方向移动副　运动副类型在下拉列表选择滑动副，连接体选择纵向工作台，基本体选择床身，如图 3-250 所示，轴矢量选择横向工作台的导轨边线。

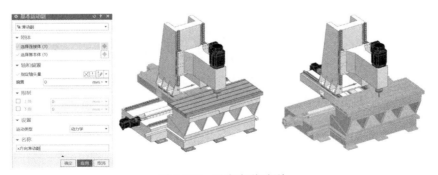

图 3-250　X 方向移动副

③ Y 方向移动副　连接体选择立柱，基本体选择纵向工作台，方向矢量选择纵向工作台导轨长度方向边线，如图 3-251 所示。

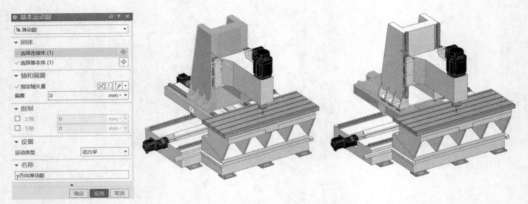

图 3-251　Y 方向移动副

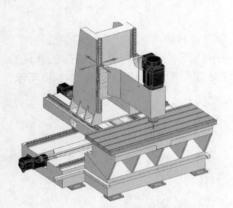

图 3-252　Z 方向移动副

④ Z 方向移动副　Z 方向移动副的设置过程与 X、Y 方向的类似，如图 3-252 所示。

⑤ 铣刀旋转副　铣刀旋转副的定义如图 3-253 所示，连接体选择铣刀，基本体选择主轴箱，轴矢量选择铣刀圆柱面。

（3）添加位置控制和速度控制执行器

位置控制和速度控制的对象就是前面定义的运动副，数控铣床中主要有三个线性位置控制和一个角速度控制。

① X 方向位置控制　点击电气选项卡中的位置控制，对象选择 X 方向滑动副，轴类型选择"线性"，如图 3-254 所示，目标设置为 0，速度设置为 1000mm/s，命名为"x 方向"，点击"确定"完成 X 方向位置控制执行器的定义。

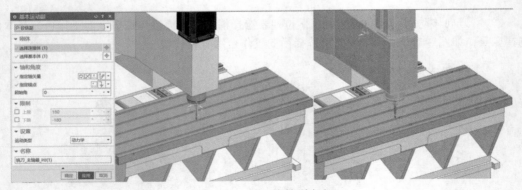

图 3-253　铣刀旋转副定义

② Y 方向位置控制　Y 方向的位置控制执行器与上文类似，具体设置见图 3-255。

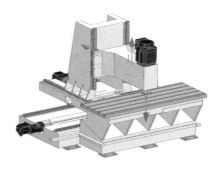

图 3-254　X 方向位置控制执行器定义

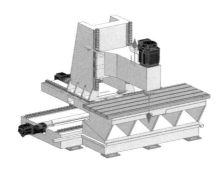

图 3-255　Y 方向位置控制执行器定义

③ Z 方向位置控制　Z 方向位置控制执行器的定义如图 3-256 所示。

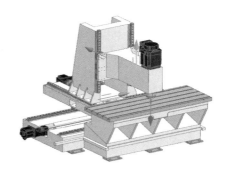

图 3-256　Z 方向位置控制执行器定义

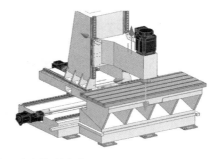

图 3-257　铣刀速度控制定义

④ 铣刀速度控制　机电对象选择铣刀处的旋转副,轴类型选择"角度",速度设置为 0(°)/s,命名为"铣刀旋转",点击"确定"完成铣刀速度控制执行器的定义,如图 3-257 所示。

3.3.5　数控铣床运动仿真

将 X 方向、Y 方向、Z 方向位置控制以及铣刀旋转速度控制添加到察看器,如图 3-258 所示,点击"播放",点开"运行时察看器",修改铣刀旋转速度以及 X、Y、Z 方向的位置,可以看到铣刀以固定的速度旋转,机床运动到指定位置,如图 3-259 所示。

图 3-258　添加到察看器

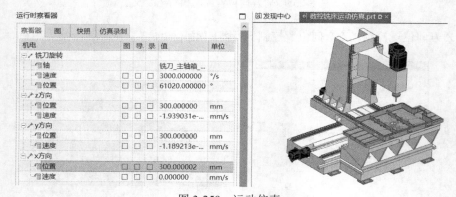

图 3-259　运动仿真

本章总结

本章在前一章的基础上进一步介绍了码垛机械手、ABB 机器人以及数控机床的建模,刚体、传感器和执行器的定义及运动仿真。通过这一章的学习,相信读者对 NX-MCD 中的基本操作已经掌握了,下面的章节将会介绍 NX-MCD 中单机设备的虚拟调试。

第 4 章

单机设备虚拟调试仿真

前文介绍了 NX 中建模装配和机电概念设计模块的功能,并分别进行了码垛机械手、ABB 机器人和数控铣床的运动仿真,这一章主要介绍 PLC、ABB 机器人和 840DSL 数控系统的编程,并在前文的基础上介绍 NX-MCD 与虚拟 PLC、虚拟机器人控制器和虚拟数控系统的通信和虚拟调试。

4.1 PLC 与 NX-MCD 数字样机码垛机械手虚拟调试

4.1.1 码垛机械手 PLC 程序编写

根据 3.1 节中机械手的运动情况编写 PLC 程序,方便控制机械手按照预期运动方式运行。

(1) PLC 变量设置

根据码垛机械手的运动形式,在默认变量表中提前设置 PLC 所需变量(主要设置 IO 变量,其他形式变量可在程序编写过程中建立),码垛机械手运动控制所需变量如图 4-1 所示。

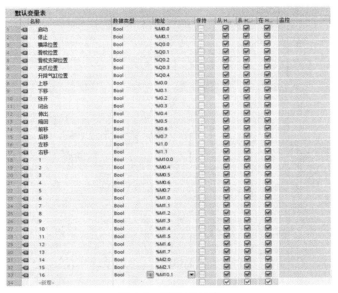

图 4-1   默认变量表

（2）PLC 程序编写

首先通过上升沿指令给程序通电，由置位指令控制开关 2 闭合。开关 2 闭合后使滑枕通电，滑枕通电后开始下降，当滑枕下降到指定位置后，"下降"开关闭合，同时断开开关 2，闭合开关 3，方便后续控制实现。开关 3 闭合后通过置位指令使夹爪通电，夹爪通电后夹爪开始张开，当张开到指定位置后"张开"开关闭合，后续程序开始通电，开关 4 闭合，通过复位指令使夹爪开始闭合，夹爪闭合后，"闭合"开关闭合，执行后续操作。后续程序依照此思路依次编写，最后通过置位指令重启开关 2，实现桁架对物料的重复抓取，通过开关 16 实现程序整体复位，方便实际运行中出错更改。程序如图 4-2 所示（程序段 10 中设置定时器是为了方便物料放置更为平滑）。

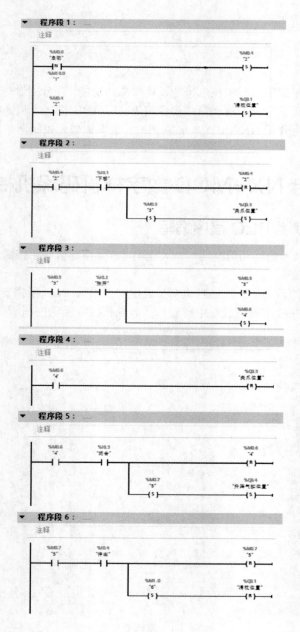

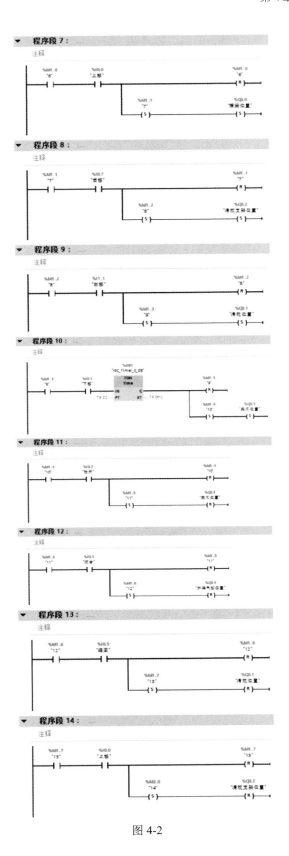

图 4-2

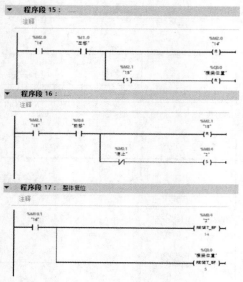

图 4-2　PLC 主程序

4.1.2　码垛机械手输入信号与输出信号建立

对夹爪及推手采用齿轮副进行更改，将右侧夹爪作为主对象，左侧作为从对象，推手亦如此配置，如图 4-3 所示。

图 4-3　夹爪齿轮副设置

对 3.1.6 节中"传感器及执行器定义"部分位置控制中速度做如下更改，如图 4-4 所示（推手与夹爪速度一致，所以只粘贴夹爪的位置控制）。

图 4-4　修改位置控制参数

对横梁位置传感器进行配置。打开位置传感器选项，选择横梁与立柱间滑动副，点击"确定"即可配置成功，如图 4-5 所示。以相同方式对余下 4 个位置控制配置位置传感器，因方法相同，不再赘述。

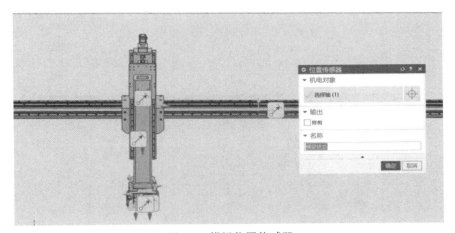

图 4-5　横梁位置传感器

（1）输出信号配置

选择电气窗口内符号表下拉窗口中"信号适配器"选项，分别选中"传感器与执行器"中配置的五个位置传感器，运用区域 1 的"添加"命令将传感器添加至信号适配器中，之后点击区域 2 中"添加"，添加 10 个信号（前移、后移、左移、右移、上移、下移、张开、闭合、伸出、缩回），分别对应五个位置传感器运动的方式，勾选区域 2 中 10 个信号，如图 4-6 所示，之后分别对 10 个信号配置运行逻辑，如区域 3 所示，配置完成后点击"确定"即可。

（2）输入信号配置

与输出信号配置设置步骤类似，不同的是在区域 1 中选择的是 5 个位置控制，而非位置传感器，在区域 2 中添加 5 个信号，并将区域 2 中信号由输出改为输入，之后勾选区域 1 中 5 个信号，在区域 3 中编写控制逻辑，如图 4-7 所示。

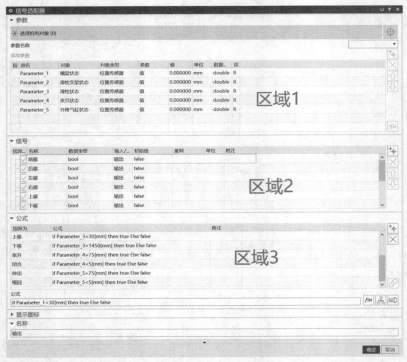

图 4-6　输出信号配置

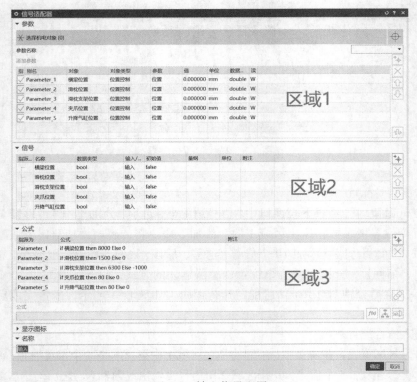

图 4-7　输入信号配置

4.1.3　TIA 博途软件与 PLCSIM Advanced 通信建立

（1）TIA 博途软件内部配置

点击设备与网络中设备的 CPU，在下方状态栏中打开常规选项，打开 PROFINET 接口[X1]下拉菜单栏，选中以太网地址选项，如图 4-8 所示设置以太网地址（IP 地址根据自己实际情况设定，不与本机地址重复即可）。

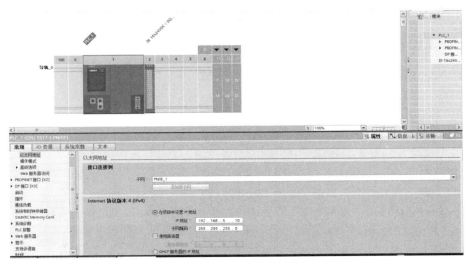

图 4-8　设置以太网地址

右击所建立的项目（本例为 hengjia），选择属性→保护，勾选"块编译时支持仿真"选项，如不勾选会导致仿真失败，如图 4-9 所示。

图 4-9　块编译时支持仿真

（2）PLCSIM Advanced 配置

打开 PLCSIM Advanced，在 Online Access 处开启 PLCSIM Advanced，配置项目名称（名称只能为英文或字母，不可以设置为汉字）及 IP 地址等选项，IP 选择在 TIA 博途软件中所设置的地址，点击"Start"按钮即可完成 PLCSIM Advanced 配置。配置完成后如图 4-10 所示。

（3）PLC 与 PLCSIM Advanced 通信

点击上方菜单栏中"下载到设备"选项，在弹出窗口中配置好"PG/PC 接口的类型"，"PG/PC 接口"，"接口/子网的连接"选项，配置完成后点击"开始搜索"按钮，搜索目标设备，搜索完成后选择对应设备，点击"下载"，即可将 PLC 程序下载至 PLCSIM Advanced中，如图 4-11 所示。

4.1.4　码垛机械手虚拟调试仿真

选择 NX-MCD 自动化内符号表下拉窗口中的"外部信号配置"选项，如图 4-12 所示。

点击"添加实例"按钮，即可显示可连接选项，如图 4-13 所示。

点击"确定"按钮将示例加入外部信号中，将"IOM"更改为"IO"（因为 PLC 控制机械手只需 IO变量即可），然后点击"更新标记"选项，即可将 PLC信号更新至 NX-MCD 中，点击"全选""确定"，如图 4-14 所示，即可将 PLC 外部信号配置至 NX-MCD中。同样在"符号表"下拉菜单中选择"信号映射"选项，将 NX-MCD 信号与 PLC 信号一对一进行配置，配置完成后如图 4-15 所示。

图 4-10　PLCSIM Advanced 配置

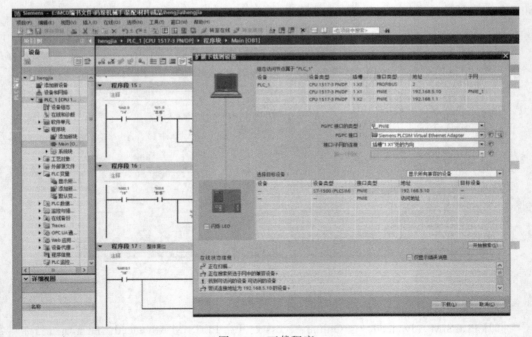

图 4-11　下载程序

图 4-12　外部信号配置

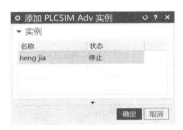

图 4-13　添加 PLCSIM Adv 实例

图 4-14　选择要映射的外部信号

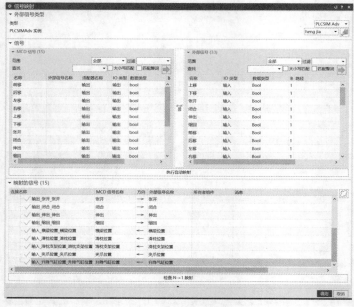

图 4-15　信号映射

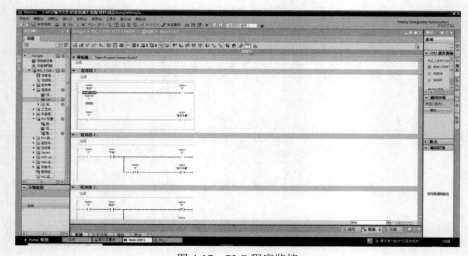

图 4-16　信号映射结果

信号配置后"信号连接"状态栏中信号映射结果如图 4-16 所示。

在 NX-MCD 中点击"播放"按钮，使 NX-MCD 处于待机状态，之后在 TIA 博途软件中点击 ，启动 CPU，之后点击 "启用/禁用监视"选项，实现对 PLC 程序监控，通过右击"上升沿"指令先给一个"1"信号，之后给一个"0"信号，使后续 PLC 程序通电，完成对 NX-MCD 的控制，通电完成后 TIA 博途软件如图 4-17 所示，控制 NX-MCD 运行如图 4-18 所示[因机械手运行方式与 3.1.7 中（2）一致，此处不再一一截图]。

图 4-17　PLC 程序监控

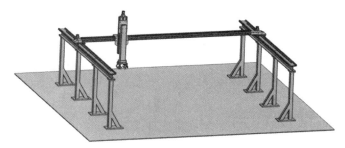

图 4-18　机械手运动图

4.2　ABB 虚拟机器人控制系统与 NX-MCD ABB 数字样机机器人虚拟调试

4.2.1　ABB 机器人程序编写

在进行机器人单机调试时，可以使用运动命令简单地对机器人路径进行定义，起到机器人单机调试的目的。下面简单介绍机器人常规运动指令。

机器人在空间中进行运动主要有四种方式：关节运动 MOVEJ、线性运动 MOVEL、圆弧运动 MOVEC 和绝对位置运动 MOVEABSJ。

（1）关节运动 MOVEJ

在对路径精度要求不高的情况下，机器人的工具中心点 tcp 从一个位置移动到另一个位置的路径不一定是直线，图 4-19 所示为 MOVEJ 指令基本语法。

（2）线性运动 MOVEL

机器人的 tcp 从起点到终点之间的路径始终保持为直线即线性运动，一般如焊接、涂胶等应用对路径要求高的场合使用该指令，图 4-20 所示为 MOVEL 指令基本语法。

图 4-19　关节运动 MOVEJ

图 4-20　线性运动 MOVEL

（3）圆弧运动 MOVEC

圆弧运动是在机器人可到达的空间范围内定义三个位置点，第一个点是圆弧的起点，第二个点限制圆弧的曲率，第三个点是圆弧的终点，图 4-21 所示为 MOVEC 指令基本语法。

（4）绝对位置运动 MOVEABSJ

绝对位置运动指令是指机器人使用 6 个关节轴和外轴的角度值进行运动和定义目标位置数据的指令。MOVEABSJ 指令常用于机器人回到机械零点的位置或 Home 点，图 4-22 所示为

MOVEABSJ 指令基本语法。

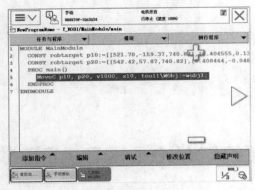

图 4-21　圆弧运动 MOVEC

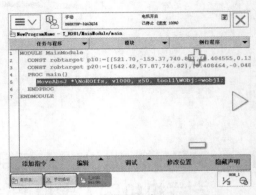

图 4-22　绝对位置运动 MOVEABSJ

4.2.2　ABB 机器人输入信号与输出信号建立

在这里我们需要对机器人关节轴信号进行定义，用来进行实时数据的传输。ABB 机器人传输实时数据的方式大致可以分为两种：一是使用模拟量输出信号传输实时数据，由于模拟量信号自身抗干扰性能差，并且需要加装价格昂贵的模量信号扩展模块，因此，在传输大量的实时数据的场合中，一般很少使用模拟量信号；二是使用组输出信号传输实时数据，组输出信号不仅可以通过加装价格相对低廉的数字量 I/O 信号扩展模块实现，也可以通过加装现场通信模块的方式实现。

下面首先介绍通过 ProfiBus 现场总线通信的形式来传输机器人当前位置数据。

首先需要读取关节轴值，将轴值赋予机器人的关节，表 4-1 是定义的所需变量。

表 4-1　定义变量

VAR robtarget pCurrentPos;	定义机器人位姿变量
VAR num x;	定义机器人位姿存储变量
VAR rawbytes rawbyte_x;	定义机器人位姿通用数据容器中间转换变量
VAR byte byte_x{4};	定义机器人位姿字节型中间数据转换变量
VAR dnum dn_x;	定义双精度类型机器人位姿数据变量

① pCurrentPos: =CRobT();　读取当前关节轴值。

② x: =pCurrentPos.trans.x;　此处是将读取到的机器人当前位置 x 坐标值分别赋值给变量 x，y、z 轴同理。

③ rx: =EulerZYX(\x,pCurrentPos.rot);　这一步是将读取到的机器人当前位置四元数角度值转换为欧拉角之后，分别赋值给变量 rx，同理 ry、rz 也这样定义。

④ send_pCurrentPos;　此处是调用机器人发送位置的例行程序。

发送位置例行程序讲解（以 x 轴变量为例）：

① ClearRawBytes rawbyte_x;　清空机器人位姿通用数据容器中间转换变量。

② PackRawBytes x,rawbyte_x,RawBytesLen(rawbyte_x)+1\Float4;　将机器人当前位置数据按照 Float 形式打包。

③ FOR i FROM 1 TO 4 DO

UnpackRawBytes rawbyte_x,i,byte_x{i}\Hex1;　这一步是将机器人位姿通用数据容器里的

前 4 个字节数据分别保存到字节数组变量中。

④ dn_x: = BitLShDnum(NumToDnum(byte_x{1}),24);

dn_x: =BitOrDnum(dn_x,BitLShDnum(NumToDnum(byte_x{2}),16));

dn_x: =BitOrDnum(dn_x,BitLShDnum(NumToDnum(byte_x{3}),8));

dn_x: =BitOrDnum(dn_x,NumToDnum(byte_x{4}));　这一步是进行机器人数据格式转换。

⑤ setgo go_cx,dn_x;　最后使用相应的组输出信号,将机器人当前位置数据进行输出。

本次方案中使用 OPC UA 通信方式,OPC UA 是一个新的工业软件接口规范,其目的在于提出一个企业制造模型的统一对象和架构定义,具有跨平台、增强命名空间、支持复杂数据内置、大量的通用服务等特点。OPC UA 是一种抽象的框架,是一个多层架构,其中的每一层完全是从其相邻层抽象而来。这些层定义了线路上的各种通信协议,以及能否安全地编码/解码包含数据、数据类型定义等内容的信息。利用这一核心服务和数据类型框架,人们可以在其基础上(继承)轻松添加更多功能。使用了 OPC UA 通信后,统一了各种各样不同品牌控制器的通信机制和数据交互格式,实现标准化,不管工厂分布在全球不同地方,都能实现数据交互。

在 RobotStudio 中我们编写 rapid 后台程序,程序中要定义机器人轴值变量,这里以机器人一轴为例:

```
PERS num joint1;
VAR jointtarget joints;
joints: =CJointT();
joint1: =joints.robax.rax_1;
```

这样就将机器人轴值赋给变量 joint1,服务器可以从机器人控制器中读取到机器人关节变量。之后将此处 rapid 程序定义为机器人控制器后台程序,使机器人位置关节数据程序和其他机器人运动程序能够并存、共同工作。

使用机器人多任务模块(MultiTasking),修改机器人的任务类型。机器人的任务类型有三种,分别为:

Normal——普通任务;Semistatic——半静态任务,热启动后,任务从 main 程序起点开始重新执行;Static——静态任务,热启动后,任务从当前指针位置开始执行。

操作如下:虚拟示教器的配置→配置系统参数→主题→controller→Task,选择添加 task。

设置 task 类型(Type)和 task 的值,新建时将 Type 配置成 Normal,如图 4-23 所示,等完成该任务的编程之后再将 Type 改为 Semistatic,这样就把该任务设置成后台程序。

图 4-23　修改 task 参数

4.2.3　ABB 机器人与虚拟机器人控制器 RobotStudio 通信建立

RobotStudio 使用 OPC UA 协议进行通信需要下载 OPC UA 服务器,即 IoT Gateway,OPC UA 服务器将机器人控制器中的信息发送给 OPC UA 客户端。OPC UA 服务器作为 Windows 服务在后台运行。OPC UA 服务器连接到已配置的控制器,并允许来自 OPC UA 客户端的传入连接。可以手动开启和关闭。IoT Gateway 是一个可扩展的通信网关,为 IRC5(RobotWare 6.x)和

OmniCore 一代机器人控制器提供 OPC UA 服务器功能。对于 RobotWare6.10 及早期版本，机器人只需要 PC 接口选项，而对于以 RobotWare6.11 开始的版本，机器人需要 616-PC 接口选项和"1582-OPC UA Server"选项。

IoT Gateway 使用方法：

① 下载 OPC UA Server 并安装。

② 电脑连接真实机器人或者打开 RobotStudio 启动虚拟机器人系统。

③ 打开 OPC UA 配置软件 IRC5 OPC UA Server Config Tool（在电脑开始菜单的 ABB 菜单下）。

④ 添加机器人，如图 4-24 所示。

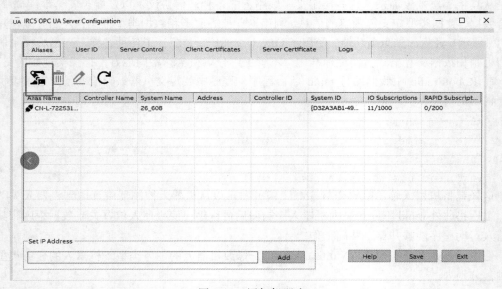

图 4-24　添加机器人

⑤ 点击"Scan"扫描已建立的机器人控制器，如图 4-25 所示。

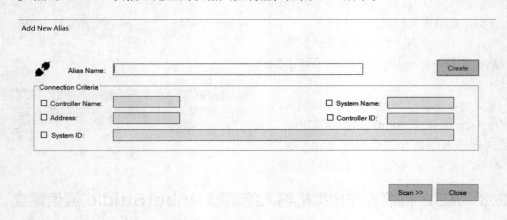

图 4-25　扫描机器人控制器

⑥ 单击列表中的控制器→勾选所有项→单击"Create"创建→单击"Close"关闭当前对话框，如图 4-26 所示。

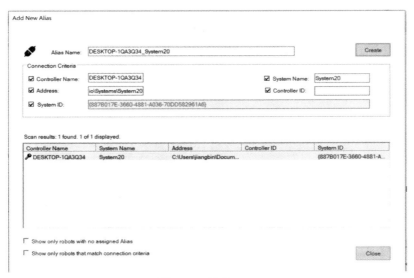

图 4-26　创建 Alias

⑦ 点击"Save"，出现提示自动重启 OPC Server，点击"Yes"，如图 4-27 所示。

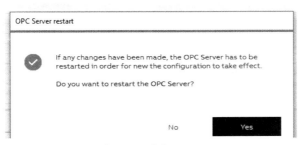

图 4-27　重启 Server

⑧ 进入 Logs 界面，可以看到 OPC Server 启动，并记录对应的 IP 地址和端口，如图 4-28 所示。

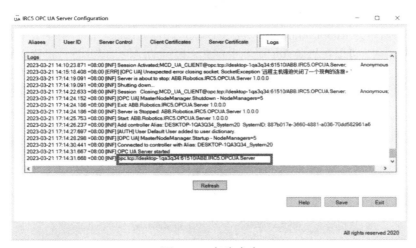

图 4-28　启动成功

⑨ 最后在 NX-MCD 外部信号配置中输入 OPC UA 服务器的 IP 地址，点击"连接"，可能会出现连接失败的情况，这时检查 OPC Server 的客户端证书页面是否将 NX-MCD 客户端证书列为不信任的证书，如图 4-29 所示，选择信任客户端证书。如图 4-30 所示，待显示连接成功，就可以在 NX-MCD 中看到 ABB 机器人的关节数据信号，在信号适配器中进行输入、输出信号的配置，之后进行关节数据信号从 RobotStudio 到 NX-MCD 的映射。

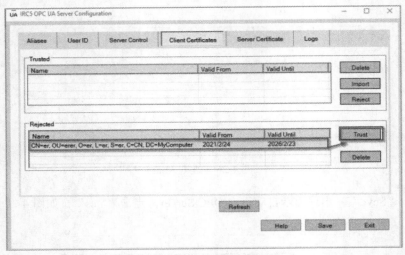

图 4-29　信任客户端证书

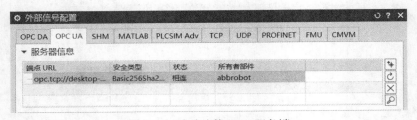

图 4-30　成功连接 OPC 服务端

4.2.4　ABB 机器人虚拟调试仿真

如图 4-31 所示为 RobotStudio 与 NX-MCD 联合虚拟调试原理图，上一节中我们完成了机器人关节信号映射，可以在机器人控制器中定义一段运动路径，以此进行机器人的虚拟调试仿真。由于使用了 OPC UA 通信方式，机器人控制器的后台程序可以不断发送机器人的关节数据，所以也可以使用示教器直接控制机器人的简单运动，对机器人进行虚拟调试。

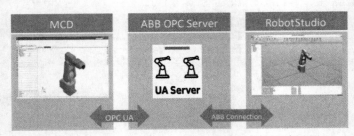

图 4-31　RobotStudio 与 NX-MCD 联合虚拟调试原理

在 NX-MCD 外部信号配置中，连接 OPC UA 服务器。

在外部信号栏可见"RAPID""Module2"下定义的关节信号，如图 4-32 所示。最后完成机器人控制器信号与 NX-MCD 机器人关节控制信号的映射，点击"播放"，进行机器人虚拟调试仿真。

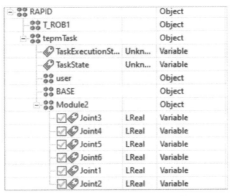

图 4-32 选择要映射的外部信号

4.3 840DSL 虚拟数控系统与 NX-MCD 数字样机数控铣床虚拟调试

4.3.1 840DSL 虚拟数控系统程序编写

SinuTrain for SINUMERIK Operate 是一款西门子数控培训软件。这款基于个人电脑的软件产品简单易用，深受客户认可，它基于真实的 SINUMERIK 数控内核，可完美地模拟系统的运行，适用于机床操作的学习和数控编程调试等。本书使用的是 V4.7 Ed.2-Basic 版本。

本节将以图 4-33 所示的零件为例，简单介绍 SinuTrain 中加工程序的编写。

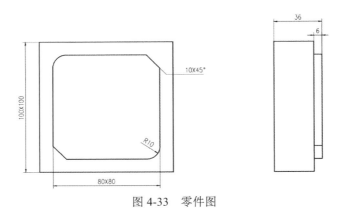

图 4-33 零件图

（1）创建毛坯

打开 SinuTrain 软件，新建一个零件程序，进入到图 4-34（a）所示的程序编辑界面后，选择"其它"→"毛坯"，新建一个 100×100×36 的毛坯，如图 4-34（b）所示，点击"接收"完成毛坯的创建。

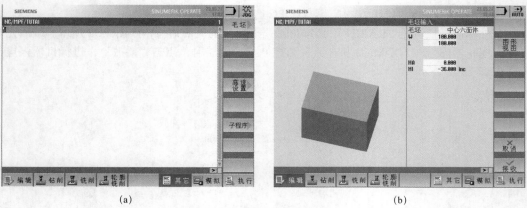

图 4-34　创建毛坯

（2）调用刀具

点击"编辑"→"选择刀具"，在弹出的道具选择表中选择 CUTTER 10 刀具，点击"确认"完成刀具的调用，紧接着在刀具调用程序后输入 D1M6，D1 代表使用第一刀沿，M6 表示换刀，如图 4-35 所示。

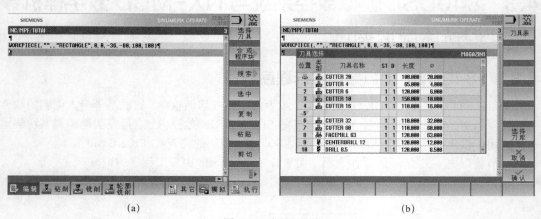

图 4-35　调用刀具

（3）主轴转速及方向

另起一行，输入 S2000M3，其中 S2000 表示主轴转速为 2000r/min，M3 表示主轴正转。

（4）创建及调用轮廓

依次点击"轮廓铣削"→"轮廓"→"新建轮廓"，创建如图 4-36 所示的两个轮廓，其中图（a）为内轮廓，图（b）为外轮廓。创建完成后，依次点击"轮廓铣削"→"轮廓"→"轮廓调用"，在轮廓名称输入框中输入外轮廓的名称，点击"接收"，然后再次使用轮廓调用命令调用内轮廓，这个顺序不能反。

（5）铣削凸台

依次点击"轮廓铣削"→"凸台"，按照图 4-37（a）所示输入参数对凸台进行粗加工，点击"接收"，这时会跳转回程序编辑界面，复制刚刚生成的铣削指令到下一行，修改复制的指令，如图 4-37（b）所示，只需要修改加工类型为精铣边沿。

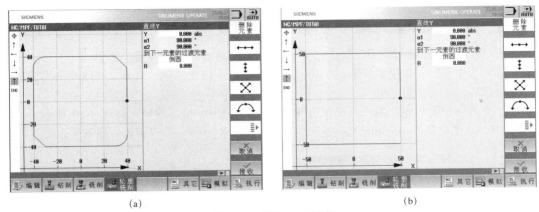

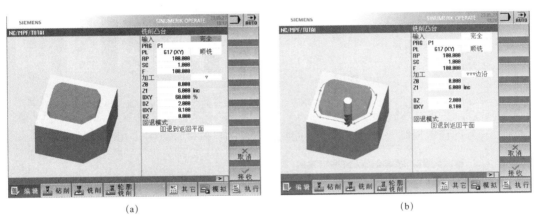

(a)　　　　　　　　　　　　　　　　　　　　(b)

图 4-36　新建内外轮廓

(a)　　　　　　　　　　　　　　　　　　　　(b)

图 4-37　凸台铣削参数

（6）主程序结束指令

最后输入 M30，这代表主程序结束。

（7）模拟

点击"模拟"，弹出图 4-38 所示的模拟加工画面，无报错且图形显示正确，表示程序编辑无误。

图 4-38　模拟加工

4.3.2 数控铣床输入信号与输出信号建立

（1）修改位置控制和速度控制执行器

3.3.5 节中进行了数控机床的运动仿真，设置了机床位置控制执行器，在这一节需要进行一定的修改。

① X 方向位置控制　双击左侧机电导航器中的 X 方向位置控制，如图 4-39 所示，目标设置为 0，速度设置为 1000mm/s，点击"确定"完成 X 方向位置控制执行器的修改。

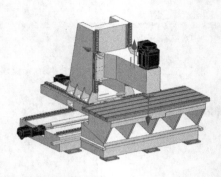

图 4-39　X 方向位置控制参数修改

② Y 方向位置控制　Y 方向的位置控制执行器的具体设置见图 4-40。

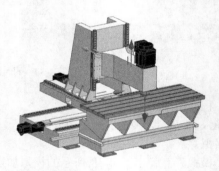

图 4-40　Y 方向位置控制参数修改

③ Z 方向位置控制　Z 方向位置控制执行器的参数修改如图 4-41 所示。

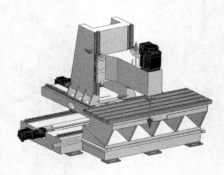

图 4-41　Z 方向位置控制参数修改

④ 铣刀转速控制　双击机电导航器中的铣刀旋转速度控制，速度设置为 0(°)/s，命名为"铣刀旋转"，点击"确定"完成铣刀速度控制执行器的修改，如图 4-42 所示。

图 4-42　铣刀转速控制参数修改

（2）定义信号适配器

点击"信号适配器"，具体步骤如图 4-43 所示。首先"选择机电对象"选择 x 方向位置控制执行器，在 2 号框处选择"位置"，点击 3 号框处的添加参数按钮，则 x 方向位置控制执行器被添加进 4 号框处的参数列表中，将别名命名为"x"，并勾选"指派为"选择框，接着点击信号列表右侧的添加按钮，添加进一个信号"signal_0"，将名称重命名为"x 方向"，数据类型修改为"double"，"输入/输出"选择"输入"，表示外部信号输入 NX-MCD，其他参数按图 4-43 所示进行设置。接着点击 6 号框处，在下方 7 号框处输入"x 方向"，也就是上面添加的信号，最后点击"应用"，就完成了 x 方向位置控制执行器的信号适配设置，其他执行器的设置步骤同理。点击"确定"，最终完成的信号适配器设置如图 4-44 所示。需要注意铣刀旋转的对象类型和参数等不同，需要仔细检查。

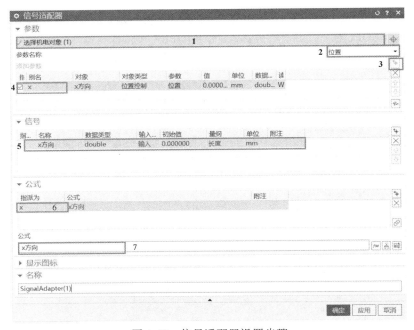

图 4-43　信号适配器设置步骤

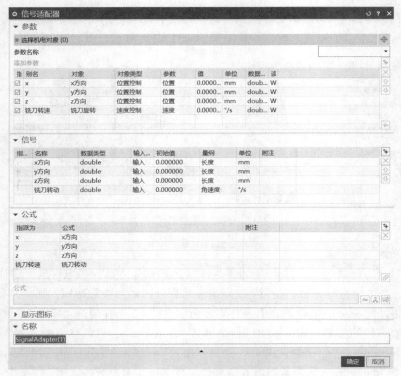

图 4-44　完成信号适配器设置

4.3.3　数控铣床与 840DSL 虚拟数控系统通信建立

（1）OPC UA 配置

启动机床，依次点击"MENU SELECT"→"调试"→"授权"→"全部选件"→"搜索"，在搜索框中输入"OPC UA"，点击"确认"定位到 OPC UA 授权选项（Access MyMachine /OPC UA 6FC5800-0AP67-0YB0），如图 4-45 所示，激活该选项,之后重启机床。

图 4-45　激活 OPC UA 选项

将"C: \Siemens\SinuTrain\SINUMERIK CNC-SW 840D sl 4.7 SP4 HF6\hmi\siemens\sinumerik\hmi\template\cfg\miniweb"目录下所有文件复制到"C: \Siemens\SinuTrain\SINUMERIK CNC-SW 840D sl 4.7 SP4 HF6\hmi\user\sinumerik\hmi\miniweb\cfg"目录下。若发现 hmi 文件夹下没有 miniweb\cfg 文件夹,可以自己新建这两个文件夹。

在机床开启状态下重新编辑复制的 OPC_UAApplication.xml,用记事本打开,将其中的"localhost"更改为本机 IPv4 地址,查看方法为:Window+R 打开运行窗口,输入 cmd 进入命令行窗口后输入:ipconfig,IPv4 后面的就是电脑的 IP 地址了。如图 4-46 所示,共需替换三处,保存并关闭。

```
<APPLICATIONDESCRIPTION ApplicationUri="urn:localhost:miniweb"
                        ApplicationNameLocale="en_us"
                        ApplicationNameText="Sinumerik OPC UA"
                        DNSNAME="localhost"/>
<ENDPOINTDESCRIPTION    URL="opc.tcp://localhost:4840"/>
<NODEMANAGEMENT         TargetProviderName="NodeManagementProvider"/>
<!--taking importFiles from WWWRoot-->
<IMPORTFILES            SERVEROBJECT="/OPC_UA/MWEB_ServerObject.xml"
                        SERVEROBJECT_ADDS="/OPC_UA/MWEB_ServerObject.xml"/>
</OPCUAAPPLICATION>
```

图 4-46 替换 localhost

保持机床开机状态,编辑"C:\Siemens\SinuTrain\SINUMERIK CNC-SW 840D sl 4.7 SP4 HF6\hmi\user\sinumerik\hmi\cfg"文件夹下的 systemconfiguration.ini,向其中添加以下内容:

[processes]PROC100= image:="C:\Siemens\SinuTrain\SINUMERIK CNC-SW 840D sl 4.7 SP4 HF6\hmi\siemens\sinumerik\hmi\miniweb\release\miniweb.exe", process:=MiniWebServer, cmdline:="..\System ..\WWWRoot", startupTime:=afterServices, workingdir:="C:\Siemens\SinuTrain\SINUMERIK CNC-SW 840D sl 4.7 SP4 HF6\hmi\siemens\sinumerik\hmi\miniweb\release"。

SinuTrain 的 OPC UA 访问从 4.7 版本开始增加了用户组密码访问,而 SinuTrain 并没有可以设置的界面。可以通过 UserDataBase.xml(见本书配套赠送的电子资源)来修改,方法如下:将该文件下载到"C:\Siemens\SinuTrain\SINUMERIK CNC-SW 840D sl 4.7 SP4 HF6\hmi\siemens\sinumerik\hmi\ miniweb\System\UserDataBase"文件夹下。

到这里就配置结束了,重启机床,和以往不同的是这次弹出了一个 CMD 窗口,等待一段时间,弹出"OpcUa Server started successfully on ×××××:4840"的消息(×××××表示本机的 IPv4 地址),说明 OPC UA 服务器配置成功。

(2)OPC UA 测试

接下来使用客户端测试工具进行机床信息的监控,运行 Siemens. OpcUA. SimpleClient. Sinumeirk.V2.0.exe,进入图 4-47 所示的界面,在 OPC UA Server URL 输入框,将其中的 IP 地址改为本机的 IPv4 地址,也就是我们之前修改 OPC_UAApplication.xml 文件时填入的地址。

NCU Version 选择 sw 4.7 sp1 or high vers,这时弹出用户名和密码的输入框,这里用户名和密码都是"OpcUaClient",输入确认无误后,点击"Connect",若"Connect"键变灰,"Disconnect"键变亮,且没有弹出错误警告,一般就是连接成功了。

(3)外部信号配置

① 连接 OPC UA 服务器 首先保证前文的 OPC UA 配置和测试成功,并保持机床开启状态,在 NX-MCD 中点击自动化选项卡中的"外部信号配置",弹出图 4-48 所示的外部信号配置对话框,上部是各种通信协议,这里我们选择 OPC UA,点击服务器信息右侧的"添加新服务器",弹出图 4-49(a)所示的 OPC UA 配置界面,在端点 URL 输入框中输入本机 IP 地址和端口号,按"Enter"键弹出图 4-49(b)所示的服务器信息,按照图 4-49(c)所示选择

"Basic128Rsa15-Sign&Encrypt"，认证模式选择用户密码，用户名和密码一致，都是 OpcUaClient，弹出图 4-49（d）所示"成功连接此服务器！"的提示，说明连接成功。

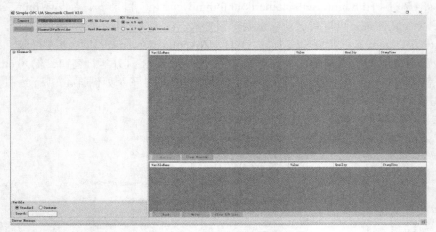

图 4-47　OPC UA Client 测试工具

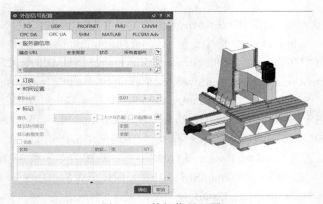

图 4-48　外部信号配置

(a)　　　　　　　　　　　　(b)

(c)　　　　　　　　　　　　　　　(d)

图 4-49　OPC UA 服务器连接

② 选择外部信号　当成功连接至服务器后，点击"确定"，弹出图 4-50 所示的选项，依次点击 Sinumerik→Channel→MachineAxis，找到 actToolBasePos，右键选择"添加定制节点"，弹出图 4-51（a）所示的节点 ID 设置界面，默认的是[u1,1]代表机床 x 轴，点击"确定"，接着添加两个定制节点，ID 分别设置成[u1,2]和[u1,3]，分别代表机床 y 轴和 z 轴，如图 4-51（b）、（c）所示。如图 4-52（a）所示，最终添加了三个定制节点，勾选这三个节点前的选择框。主轴转速的信号查找路径是：Sinumerik→Channel→Spindle→actSpeed，如图 4-52（b）所示，同样勾选该信号，点击"确定"，至此，完成了外部信号的配置。

(a)　　　　　　　　　　　　　　　(b)

图 4-50　配置外部信号

(a)　　　　　　　　　(b)　　　　　　　　　(c)

图 4-51　添加定制节点

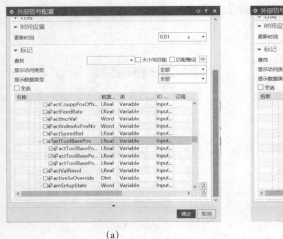

（a）   （b）

图 4-52 选择输入信号节点

（4）信号映射

下一步是创建 NX-MCD 信号与外部信号的连接。点击信号映射，弹出图 4-53 所示的界面，左侧是 NX-MCD 信号，右侧是外部信号，选择左侧名称为 x 方向的信号和右侧名称为 actToolBasePos[u1,1]的信号，再点击中间的映射信号按钮，就完成了机床 x 方向信号映射。用同样的方法将其余信号进行映射，最终完成的信号映射如图 4-54 所示，点击"确定"完成信号内外部信号映射。

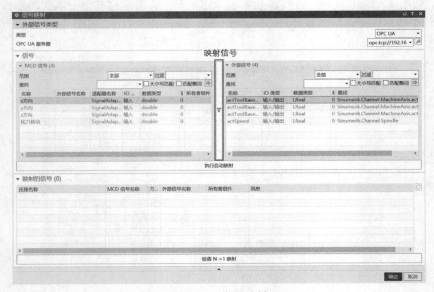

图 4-53 信号映射

4.3.4　数控铣床虚拟调试仿真

（1）SinuTrain 中的操作

打开 4.3.1 节中编写的程序，如图 4-55 所示，依次点击"执行"→"循环启动"→"主轴使能"→"进给使能"→设置主轴倍率→设置进给倍率，则机床开始执行编写的程序。

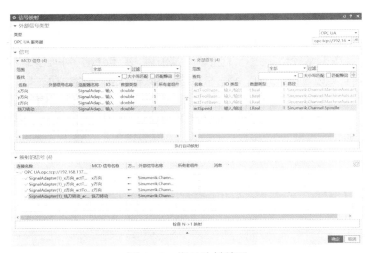

图 4-54 信号映射结果

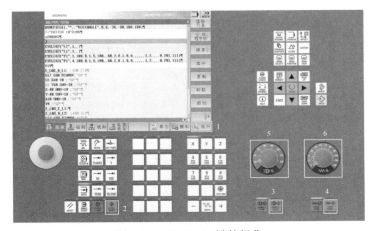

图 4-55 SinuTrain 端的操作

（2）NX-MCD 中的操作

在 NX-MCD 中点击"播放"按钮，则可以观察到机床模型开始在虚拟数控系统的控制下同步运动，如图 4-56 所示。

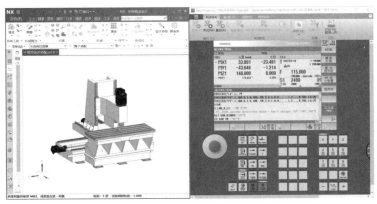

图 4-56 同步运动

本章总结

　　本章在前一章建模和运动仿真的基础上，对码垛机械手、ABB 虚拟机器人以及虚拟数控机床进行了虚拟调试仿真，初步介绍了 PLC 编程、RobotStudio 编程以及 SinuTrain 编程的方法，NX-MCD 与虚拟 PLC、虚拟机器人控制器、虚拟数控系统的通信方法，以及 NX-MCD 中外部信号配置以及内外部信号映射的方法，实现了 NX-MCD 中的数字样机在外部虚拟控制器的控制下的运动。

第5章

新能源动力电池激光清洗设备虚拟调试

前面的章节介绍了码垛机械手、ABB 机器人和数控机床的单机设备虚拟调试，这一章我们将进行码垛机械手和激光清洗设备的联合虚拟调试，首先介绍激光清洗设备的虚拟调试。

5.1 NX-MCD：激光清洗设备建模

5.1.1 激光清洗工艺分解

激光清洗是利用高能量密度的激光对工件进行局部的照射，使表面的污物、锈斑或涂层发生瞬间蒸发或剥离，高速有效地清除清洁对象表面附着物或表面涂层，从而达到洁净的工艺过程。

激光清洗可以替代人工机械清洗、化学清洗、喷砂清洗、超声波清洗、干冰清洗等传统清洗方式。相比传统的清洗方式，激光清洗具有诸多优势，如表 5-1 所示。

表 5-1 清洗方式对比

类型	化学清洗	机械打磨	干冰清洗	超声波清洗	激光清洗
清洗方式	化学清洗剂	机械/砂纸，接触式	干冰，非接触式	清洗剂，接触式	激光，非接触
工件损伤	有损伤	有损伤	无损伤	无损伤	无损伤
清洗效率	低	低	中	中	高
清洗效果	一般，不均匀	一般，不均匀	优秀，不均匀	优秀，洁净范围小	非常好，洁净度高
清洗精度	不可控，精度差	不可控，精度一般	不可控，精度差	不可指定范围清洗	精准可控，精度高
安全/环保	化学污染严重	污染环境	无污染	无污染	无污染
人工操作	工序复杂对操作人员要求高，需防护措施	体力强度大，需安全防护措施	操作简单，手持或自动化	操作简单，但需人工添加耗材	操作简单，手持或集成自动化
耗材	化学清洗剂	砂纸、砂轮、油石等	干冰	专用清洗液	只需供电
成本投入	首次投入低，耗材成本极高	首次投入高，耗材人工成本高	首次投入中等，耗材成本高	首次投入低，耗材成本中等	首次投入高，无耗材，维护成本低

激光清洗技术近几年发展很快,不论是对激光清洗的工艺参数和清洗机理、清洗对象的研究或是应用方面的研究都取得了很大的进展。激光清洗技术在经过大量理论方面的研究后,其研究重心正不断偏向于应用方面,并在应用方面取得了可喜的研究成果。由于激光器及其配套硬件的费用较高,使激光清洗技术的应用范围受到极大的限制,特别是对低成本对象的清洗经济性较差。今后激光清洗技术在文物和艺术品的保护方面将得到更广泛的应用,其市场前景非常广阔。

5.1.2 激光清洗设备零件建模

之前章节已经对建模流程及命令做了详细讲解,本节只对相机及光纤连接头建模流程进行讲解。

(1)相机建模

绘制长 170mm、宽 104mm 的长方形,绘制完成后如图 5-1 所示,拉伸 49mm,如图 5-2 所示。

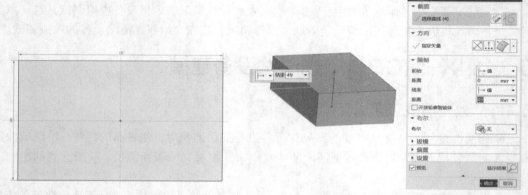

图 5-1 绘制长方形(一)　　　　　　　　图 5-2 拉伸成长方体

由长方体侧面进入草图,绘制长 46mm、宽 28mm 的长方形,如图 5-3 所示,退出草图后拉伸 140mm,如图 5-4 所示。

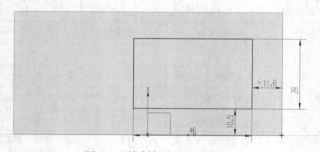

图 5-3 绘制长方形(二)

在上一步拉伸图形末端绘制长 65mm、宽 43mm 的长方形,如图 5-5 所示,绘制完成后运用拉伸命令拉伸 43mm,如图 5-6 所示。

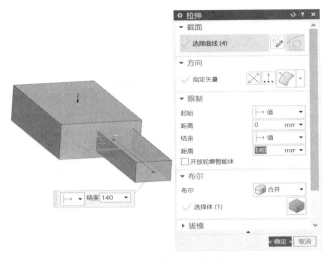

图 5-4　拉伸凸台（一）

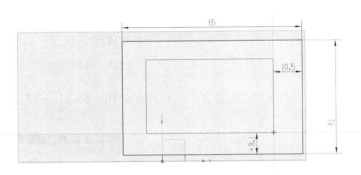

图 5-5　绘制草图（一）

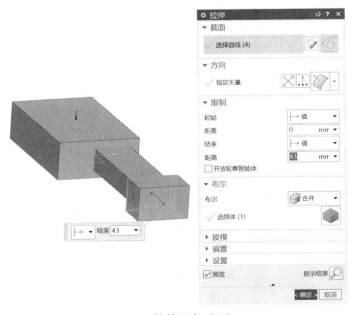

图 5-6　拉伸凸台（二）

在上一步拉伸长方体前端绘制直径 36mm 的圆，如图 5-7 所示，拉伸 40mm，如图 5-8 所示。

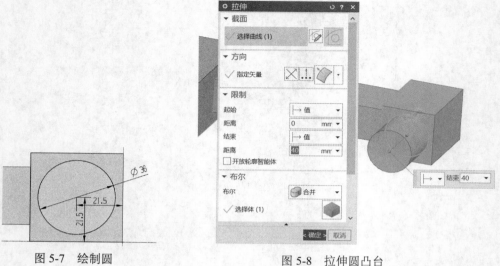

图 5-7　绘制圆　　　　　　　　　　图 5-8　拉伸圆凸台

运用镜像命令镜像前面的特征，镜像平面选择 YZ 平面，如图 5-9 所示。

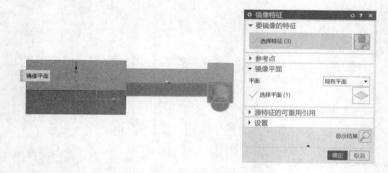

图 5-9　镜像特征

运用倒角命令对相机倒角，倒角完成后如图 5-10 所示。

图 5-10　倒角处理（一）

（2）光纤连接头建模

绘制边长为 45mm 的正方形如图 5-11 所示，拉伸 93mm，如图 5-12 所示。

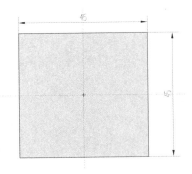

图 5-11　绘制草图（二）

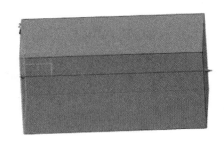

图 5-12　拉伸凸台（三）

由正视图进入草图，绘制两个长 8mm、宽 5mm 的长方形，位置如图 5-13 所示，拉伸切除如图 5-14 所示。

图 5-13　绘制草图（三）

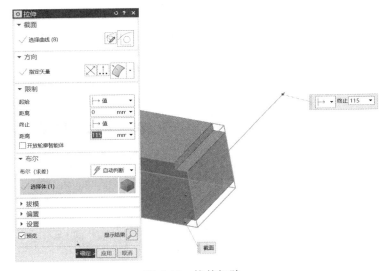

图 5-14　拉伸切除

由 XZ 平面进入草图，绘制如图 5-15 所示图形，旋转如图 5-16 所示。

图 5-15 绘制草图（四）

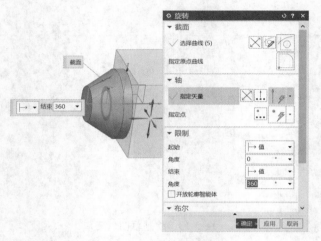

图 5-16 旋转实体

由上一步旋转实体顶端进入草图，运用投影命令对半径为 10mm 圆投影，退出草图后拉伸 47mm，如图 5-17 所示。

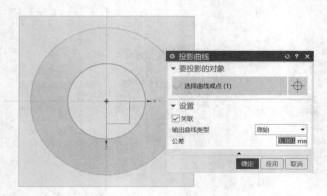

图 5-17 投影边线

由底端进入草图，绘制直径为 34.9mm 的圆，如图 5-18 所示，拉伸如图 5-19 所示。

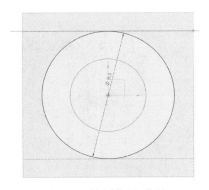

图 5-18　绘制草图（四）　　　　　　　图 5-19　拉伸圆柱

运用倒角命令对光纤连接头进行倒角，倒角完成后如图 5-20 所示。

图 5-20　倒角处理（二）

5.1.3　激光清洗设备装配

因在桁架装配部分已经对 NX-MCD 装配常用命令做了详细介绍，所以本节不对激光清洗设备所有零件进行装配，仅对清洗部分装配做详细讲解。

导入图 5-21 所示零件至装配中。

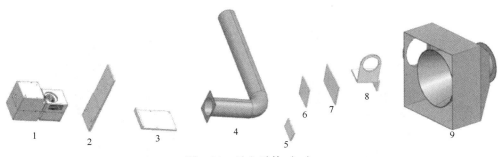

图 5-21　导入零件（一）

运用距离命令将零件 8 装配至零件 2 侧面，同时距零件 2 上表面 231mm，如图 5-22 所示。

运用同心命令将零件 3 装配至零件 2 前端，如图 5-23 所示。

运用同心命令将零件 1 装配至零件 3 上表面，装配完成后如图 5-24 所示。

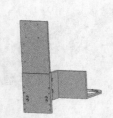  

图 5-22　装配零件 8 和零件 2　　图 5-23　装配零件 3 和零件 2　　图 5-24　装配零件 1 和零件 3

运用同心命令将零件 9 装配至零件 8 下表面，如图 5-25 所示。

运用同心命令将零件 4 装配至零件 9 右端孔洞处，如图 5-26 所示。

运用同心命令将零件 7 装配至零件 2 右侧孔洞处，如图 5-27 所示。

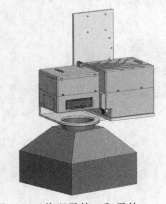 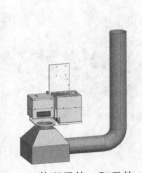 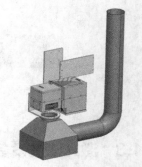

图 5-25　装配零件 9 和零件 8　　图 5-26　装配零件 4 和零件 9　　图 5-27　装配零件 7 和零件 2

运用同心命令将零件 5 装配至零件 7 前端，如图 5-28 所示。

运用同心命令将零件 6 装配至零件 5 前端，如图 5-29 所示。

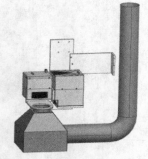 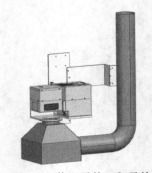

图 5-28　装配零件 5 和零件 7　　　　图 5-29　装配零件 6 和零件 5

将图 5-30 所示零件导入至装配中。

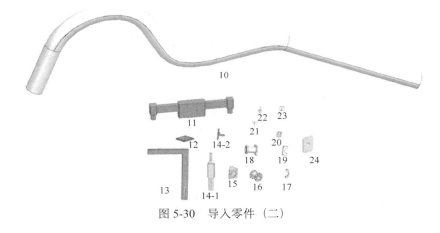

图 5-30　导入零件（二）

运用同心命令将零件 10 装配至零件 4 顶端，如图 5-31 所示。

运用同心命令将零件 12 装配至零件 2 前端，装配完成如图 5-32 所示。

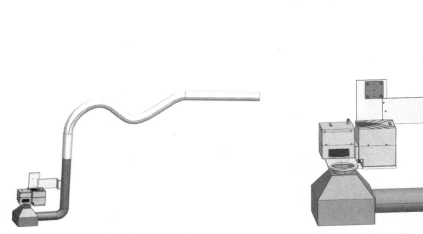

图 5-31　装配零件 10 和零件 4　　　　　图 5-32　装配零件 12 和零件 2

运用同心命令将零件 13 装配至零件 12 上，如图 5-33 所示。

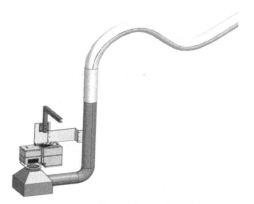

图 5-33　装配零件 13 和零件 12　　　　　图 5-34　装配零件 20 和零件 13

运用同心命令将零件 20 装配至零件 13 的凹槽中，如图 5-34 所示。

运用同心命令将零件 23 装配至零件 20 上方，如图 5-35 所示。

运用同心命令将零件 14-2 装配至零件 23 前端，如图 5-36 所示。

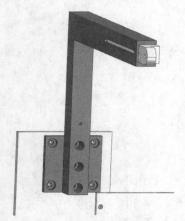

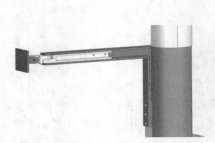

图 5-35　装配零件 23 和零件 20　　　　图 5-36　装配零件 14-2 和零件 23

运用同心命令将零件 21 和零件 22 分别装配至零件 13 与零件 14-2 的孔中，如图 5-37 所示。

运用同心命令将零件 11 装配至零件 14-2 前方的孔中，装配完成后如图 5-38 所示。

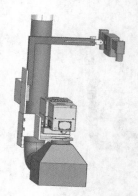

图 5-37　零件 21 和零件 22 装配到零件 24 和零件 14-2 上　　图 5-38　装配零件 11 和零件 14-2

运用同心命令将零件 24 装配至零件 1 右侧的孔同轴位置，装配完成后如图 5-39 所示。

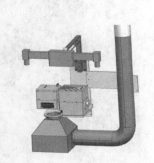

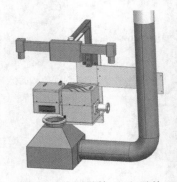

图 5-39　装配零件 24 和零件 1　　　　图 5-40　装配零件 16 和零件 24

运用同心命令将零件 16 装配至零件 24 右侧孔同轴位置，装配完成后如图 5-40 所示。
运用同心命令将零件 15 装配至零件 16 右侧孔同轴位置，装配完成后如图 5-41 所示。
运用同心命令将零件 18 装配至零件 15 上方孔同轴位置，装配完成后如图 5-42 所示。

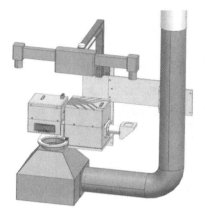

图 5-41　装配零件 15

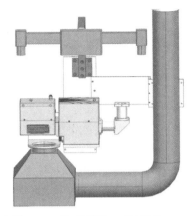

图 5-42　装配零件 18 和零件 15

运用同心命令将零件 17 与零件 19 装配至零件 18 上方孔同轴位置，装配完成后如图 5-43 所示。

运用位置命令将零件 14-1 装配至零件 17 与零件 19 上方，装配完成后如图 5-44 所示。

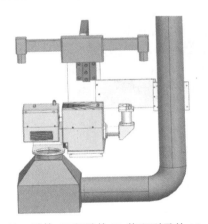

图 5-43　零件 17 和零件 19 装配到零件 18 上

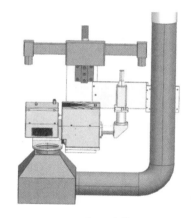

图 5-44　装配零件 14-1

5.1.4　激光清洗设备刚体配置

在激光清洗设备装配完成后，需要配置激光清洗设备各部件刚体，对各部件施加质量等特性，实现激光清洗设备仿真运动，具体刚体配置如下。

进入机电概念设计模块，选中电池，并将其设置为刚体，如图 5-45 所示。

打开刚体命令，选中激光清洗设备外壳，并将其定义为刚体，如图 5-46 所示。

因为激光清洗设备内部结构不方便观看，所以在设置外壳刚体后可选中并将其隐藏，方便后续设置。隐藏外壳后，选中图 5-47 所示激光清洗设备部件，将其定义为刚体，并命名为清洗设备-外部框架，设置完成后将框架隐藏，方便后续刚体设置。

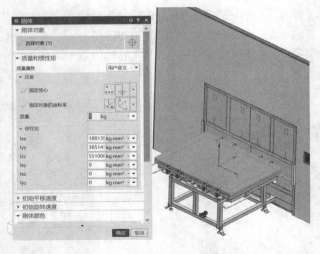

图 5-45　电池壳（pack）刚体设置

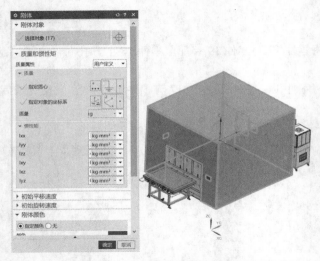

图 5-46　外壳刚体设置

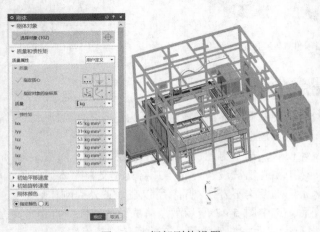

图 5-47　框架刚体设置

选中图 5-48 所示零件，将其定义为刚体，并命名为清洗设备舱门。

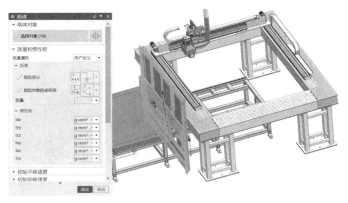

图 5-48　舱门刚体设置

选中图 5-49 所示零件，命名为上升门。

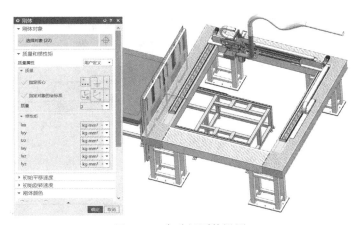

图 5-49　上升门刚体设置

选中上升门与舱门连接处滑杆，将其定义为刚体，并命名为上升门处滑杆，如图 5-50 所示。

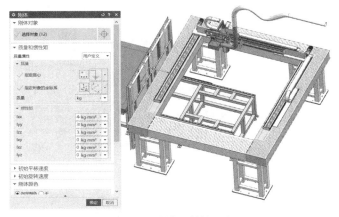

图 5-50　滑杆刚体设置

选中上升门与舱门连接处推杆,将其定义为刚体,并命名为推杆,如图 5-51 所示。

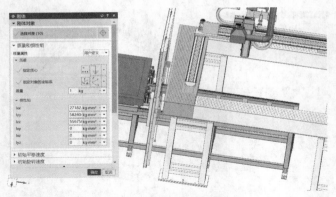

图 5-51　推杆刚体设置

运用刚体命令将图 5-52 所示部件设置为刚体,并命名为载物台。

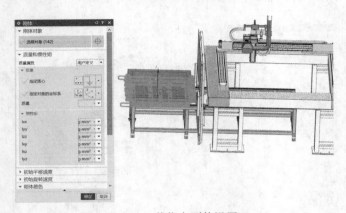

图 5-52　载物台刚体设置

选中图 5-53 所示部件,将其设置为刚体,并命名为载物台支架。

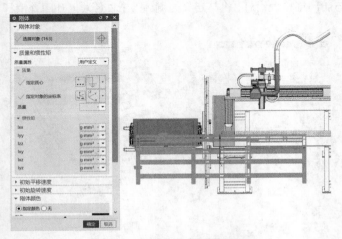

图 5-53　载物台支架刚体设置

选中载物台支架上导轨，将其设置为刚体，并命名为载物台运行导轨，如图 5-54 所示。

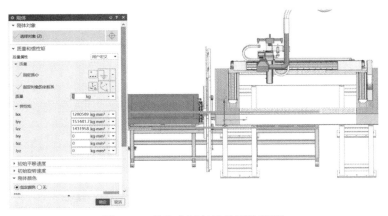

图 5-54　载物台运行导轨刚体设置

选中图 5-55 所示部件，将其设置为刚体，并命名为清洗支架。

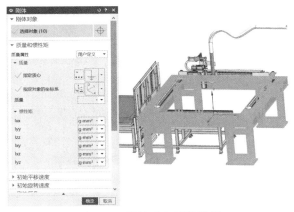

图 5-55　清洗支架刚体设置

选中图 5-56 所示部件，将其设置为刚体，并命名为清洗支架上导轨。

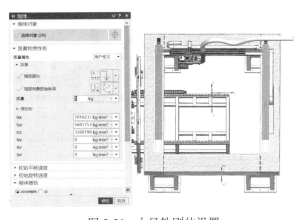

图 5-56　上导轨刚体设置

选中图 5-57 所示部件，将其设置为刚体，并命名为清洗设备横梁。

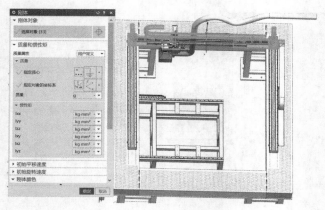

图 5-57　横梁刚体设置

选中图 5-58 所示部件，将其设置为刚体，并命名为清洗设备横梁上导轨。

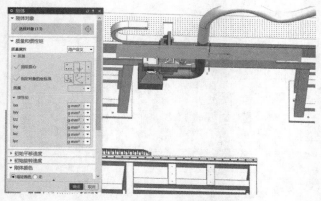

图 5-58　横梁上导轨刚体设置

选中图 5-59 所示部件，将其设置为刚体，并命名为清洗设备横向移动支架。

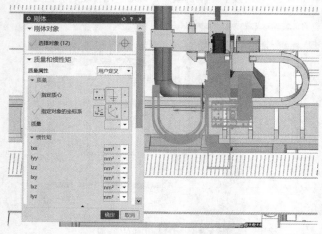

图 5-59　横向移动支架刚体设置

选中图 5-60 所示部件，将其设置为刚体，并命名为清洗设备纵向移动导轨。

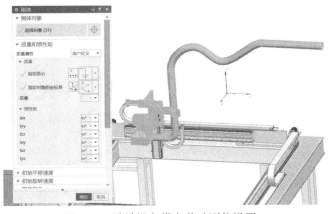

图 5-60　纵向移动导轨刚体设置

选中剩余部件，将其设置为刚体，并命名为清洗设备纵向移动，如图 5-61 所示。至此，激光清洗设备模型刚体全部设置完成，所有刚体如图 5-62 所示。

图 5-61　清洗设备纵向移动刚体设置　　　图 5-62　激光清洗设备刚体设置结果

5.1.5　激光清洗设备运动副和约束配置

运动副和约束可以给激光清洗设备设置运动方式和定义运动的条件,使激光清洗设备能够仿真真实世界物体的运动效果。激光清洗设备运动副配置如下:

运用固定副命令将外壳固定，连接体选择外壳，基本体空选即可，如图 5-63 所示，用相同的方式将清洗支架和载物台支架固定，如图 5-64 和图 5-65 所示。

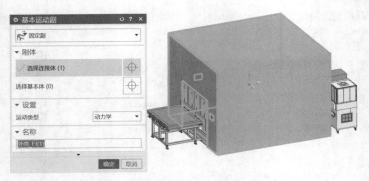

图 5-63　外壳固定副设置

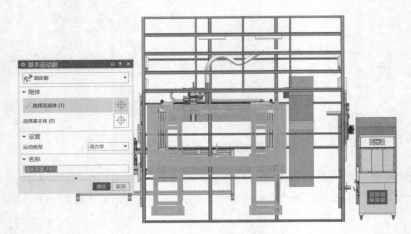

图 5-64　清洗支架固定副设置

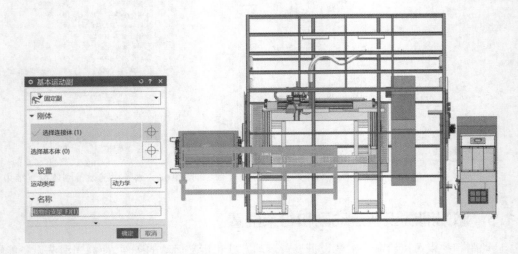

图 5-65　载物台支架固定副设置

　　运用固定副命令将电池固定至载物台上，连接体选择电池壳，基本体选择载物台，如图 5-66 所示。同样的方式将载物台运行导轨固定至载物台支架上，如图 5-67 所示。

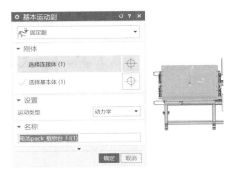

图 5-66　电池壳-载物台固定副设置

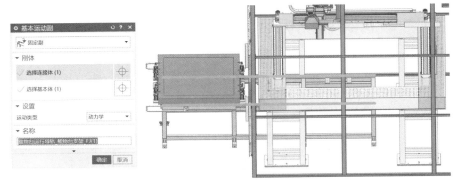

图 5-67　载物台运行导轨-载物台支架固定副设置

通过滑动副命令将载物台与载物台运行导轨间运动关系设置为滑动，连接体选择载物台，基本体选择载物台运行导轨，运行上限设置为 2589mm，下限设置为 0mm，运动方向为 Y 轴正方向，如图 5-68 所示。

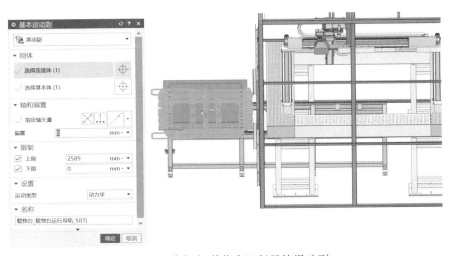

图 5-68　载物台-载物台运行导轨滑动副

通过固定副命令将清洗设备舱门固定至清洗设备外部框架上，连接体选择清洗设备舱门，基本体选择清洗设备外部框架，如图 5-69 所示。

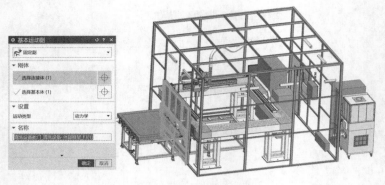

图 5-69　舱门固定副

通过固定副命令将上升门处滑杆固定至清洗设备舱门上，连接体选择上升门处滑杆，基本体选择清洗设备舱门，如图 5-70 所示。

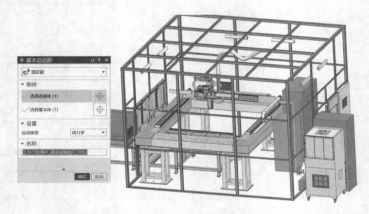

图 5-70　上升门处滑杆固定副

通过滑动副命令将推杆与清洗设备框架间的运动关系设置为滑动关系，连接体选择推杆，基本体选择清洗设备外部框架，运动方向为 Z 轴正方向，运动上限为 400mm，如图 5-71 所示。

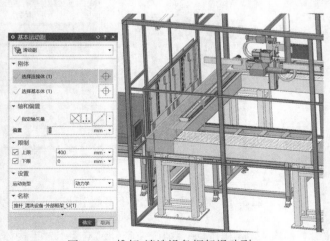

图 5-71　推杆-清洗设备框架滑动副

通过固定副命令将上升门固定至推杆上，连接体选择上升门，基本体选择推杆，如图 5-72 所示。

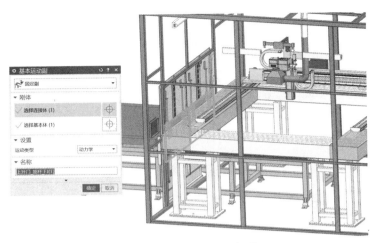

图 5-72　上升门-推杆固定副

通过滑动副将上升门与上升门处滑杆间的运动关系设置为滑动，连接体选择上升门，基本体选择上升门处滑杆，运动方向为 Z 轴正方向，运动上限为 400mm，下限为 0mm，如图 5-73 所示。

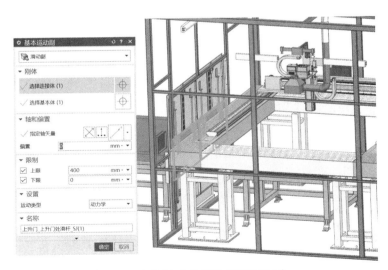

图 5-73　上升门-上升门处滑杆滑动副

接下来要设置清洗内部的运动副，为方便观看，将激光清洗设备外部框架隐藏，之后运用固定副命令将清洗支架上导轨固定至清洗支架上，连接体选择清洗支架上导轨，基本体选择清洗支架，如图 5-74 所示。

通过滑动副命令将清洗设备横梁与清洗支架上导轨运动关系设置为滑动关系，连接体为清洗设备横梁，基本体为清洗支架上导轨，运动方向为 X 轴正方向，上限为 2300mm，下限为 0mm，如图 5-75 所示。

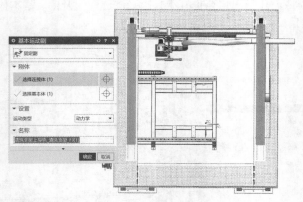

图 5-74　清洗支架上导轨-清洗支架固定副

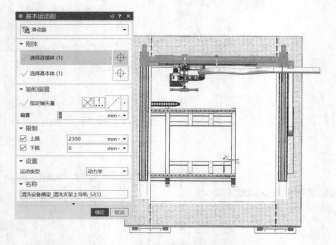

图 5-75　清洗设备横梁-清洗支架上导轨滑动副

　　运用固定副命令将清洗设备横梁上导轨固定至清洗设备横梁上,连接体选择清洗设备横梁上导轨,基本体选择清洗设备横梁,如图 5-76 所示。

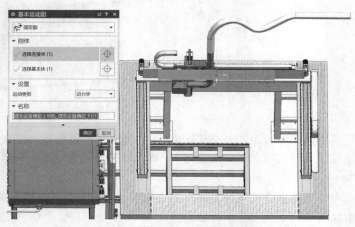

图 5-76　清洗设备横梁上导轨-清洗设备横梁固定副

通过滑动副命令将清洗设备横向移动支架与清洗设备横梁上导轨运动关系设置为滑动关系，连接体为清洗设备横向移动支架，基本体为清洗设备横梁上导轨，运动方向为 Y 轴正方向，上限为 1300mm，下限为–147mm，如图 5-77 所示。

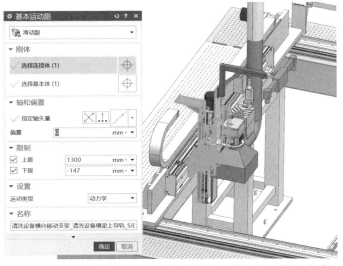

图 5-77　清洗设备横向移动支架-清洗设备横梁上导轨滑动副

运用固定副命令将清洗设备竖直方向导轨固定至清洗设备横向移动支架上，连接体选择清洗设备竖直方向导轨，基本体选择清洗设备横向移动支架，如图 5-78 所示。

图 5-78　清洗设备竖直方向导轨-清洗设备横向移动支架固定副

通过滑动副命令将清洗设备纵向移动与清洗设备竖直方向导轨运动关系设置为滑动关系，连接体为清洗设备纵向移动，基本体为清洗设备竖直方向导轨，运动方向为 Z 轴正方向，上限为 500mm，下限为 0mm，如图 5-79 所示。

至此，激光清洗设备所有运动副配置完成，配置完成的运动副如图 5-80 所示。

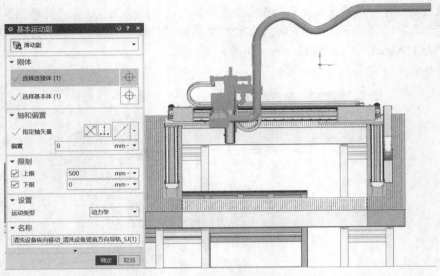

图 5-79　清洗设备纵向移动-清洗设备竖直方向导轨滑动副

图 5-80　激光清洗设备运动副配置结果

5.1.6　激光清洗设备传感器和执行器设置

传感器和执行器命令可以模拟实际激光清洗设备的传感器和运动驱动,让激光清洗设备拥有信号反馈和运动控制。激光清洗设备传感器和执行器具体配置如下:

① 载物台运行控制　运用位置控制命令,选中载物台-载物运行导轨间滑动副,目标与速度皆设置为 0 即可,后面会用仿真序列控制位置与速度大小,设置如图 5-81 所示。

② 门上升下降控制　由于外壳遮挡,故在此步将外壳隐藏,隐藏后运用位置控制命令选中推杆-清洗设备外部框架滑动副,目标与速度同样设置为 0,设置完成后如图 5-82 所示。

③ 清洗设备横梁左右移动控制　因外部框架遮挡,所以在本步将外部框架隐藏,隐藏完成后运用位置控制命令选中清洗设备横梁-清洗支架上导轨滑动副,位置与速度设置为 0,如图 5-83 所示。

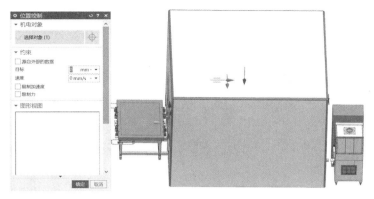

图 5-81　载物台位置控制

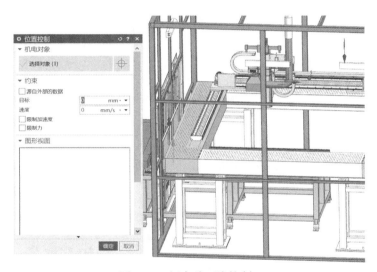

图 5-82　门上升下降控制

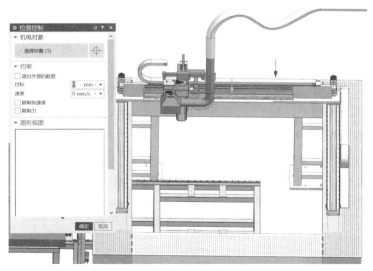

图 5-83　清洗设备横梁左右移动控制

④ 清洗设备横梁前后移动控制　运用位置控制命令选中清洗设备横向移动支架-清洗设备横梁上导轨滑动副，位置与速度设置为 0，如图 5-84 所示。

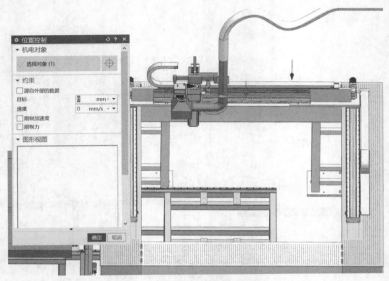

图 5-84　清洗设备横梁前后移动控制

⑤ 激光清洗设备上下移动控制　运用位置控制命令选中清洗设备纵向移动-清洗设备竖直方向导轨滑动副，位置与速度设置为 0，如图 5-85 所示。

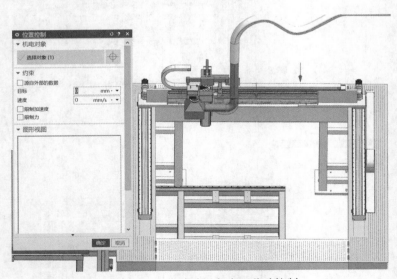

图 5-85　激光清洗设备上下移动控制

⑥ 外壳透明设置　运用显示更改器命令选中激光清洗设备外壳，取消勾选更改颜色选项，勾选更改可见性与更改透明度选项，将透明度设置为 90，如图 5-86 所示。

⑦ 恢复外壳透明度设置　同样运用显示更改器命令，选中激光清洗设备外壳，将外壳透明度改为 0，如图 5-87 所示。

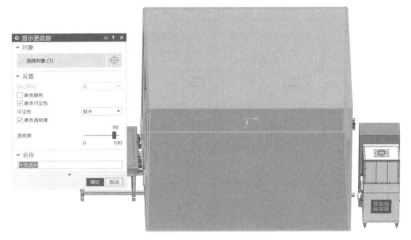

图 5-86　外壳透明设置

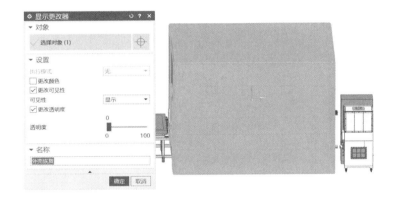

图 5-87　恢复外壳透明度设置

至此，激光清洗设备传感器与执行器已配置完成，如图 5-88 所示。

图 5-88　传感器与执行器配置结果

5.1.7　激光清洗设备 NX-MCD 仿真

本节将运用仿真序列对激光清洗设备进行运动控制，具体步骤见表 5-2。

表 5-2   运用仿真序列进行运动控制

序号	命名	仿真序列配置类型	选中控制方式	位置设置/mm	速度设置/ (mm/s)	对应示图
1	门上升	门上升仿真序列配置	门上升下降位置控制	400	200	图 5-89
2	载物台送料	载物台送料仿真序列配置	载物台运行位置控制	2589	1400	图 5-90
3	门下降	门下降仿真序列配置	门上升下降位置控制	0	200	图 5-91
4	横向移动至起始位置	清洗设备横向移动仿真序列配置	清洗设备横向移动位置控制	−147	200	图 5-92
5	清洗设备向前移动	清洗设备横梁前后移动仿真序列配置	清洗设备横梁前后移动位置控制	279	279	图 5-93
6	清洗设备向下移动	清洗设备上下移动仿真序列配置	激光清洗设备上下移动位置控制	400	200	图 5-94
7	清洗设备向右侧移动	清洗设备横向移动仿真序列配置	清洗设备横向移动位置控制	1164	300	图 5-95
8	清洗设备前移 1	清洗设备前后移动仿真序列配置	清洗设备横梁前后移动位置控制	529	250	图 5-96
9	清洗设备左移	清洗设备横向移动仿真序列配置	清洗设备横向移动位置控制	−147	300	图 5-97
10	清洗设备前移 2	清洗设备横向前后移动仿真序列配置	清洗设备横梁前后移动位置控制	779	250	图 5-98
11	清洗设备右移 1	清洗设备横向移动仿真序列配置	清洗设备横向移动位置控制	1164	300	图 5-99
12	清洗设备前移 3	清洗设备横向前后移动仿真序列配置	清洗设备横梁前后移动位置控制	1029	250	图 5-100
13	清洗设备左移 1	清洗设备横向移动仿真序列配置	清洗设备横向移动位置控制	−147	300	图 5-101
14	清洗设备前移 4	清洗设备横向前后移动仿真序列配置	清洗设备横梁前后移动位置控制	1279	250	图 5-102
15	清洗设备右移 2	清洗设备横向移动仿真序列配置	清洗设备横向移动位置控制	1164	300	图 5-103
16	清洗设备前移 5	清洗设备横向前后移动仿真序列配置	清洗设备横梁前后移动位置控制	1529	250	图 5-104
17	清洗设备左移 2	清洗设备横向移动仿真序列配置	清洗设备横向移动位置控制	−147	300	图 5-105
18	清洗设备前移 6	清洗设备横向前后移动仿真序列配置	清洗设备横梁前后移动位置控制	1779	250	图 5-106
19	清洗设备右移 3	清洗设备横向移动仿真序列配置	清洗设备横向移动位置控制	1164	300	图 5-107
20	清洗设备前移 7	清洗设备横向前后移动仿真序列配置	清洗设备横梁前后移动位置控制	2029	250	图 5-108
21	清洗设备左移 3	清洗设备横向移动仿真序列配置	清洗设备横向移动位置控制	−147	300	图 5-109
22	清洗设备竖直方向复位	清洗设备竖直方向复位仿真序列配置	激光清洗设备上下移动位置控制	0	200	图 5-110
23	清洗设备纵向复位	清洗设备纵向复位仿真序列配置	清洗设备横梁前后移动位置控制	0	1000	图 5-111
24	清洗设备横向复位	清洗设备横向复位仿真序列配置	清洗设备横向移动位置控制	0	200	图 5-112

续表

序号	命名	仿真序列配置类型	选中控制方式	位置设置/mm	速度设置/（mm/s）	对应示图
25	门开启	清洗完成门开启仿真序列配置	门上升下降位置控制	400	200	图 5-113
26	电池送出	电池送出仿真序列配置	载物台运行位置控制	0	1400	图 5-114
27	门关闭	清洗完成门关闭仿真序列配置	门上升下降位置控制	400	200	图 5-115
28	外壳透明	外壳透明仿真序列配置	运用仿真序列选中外壳透明显示更改器，勾选执行模式，将执行模式改为 Once，选择条件对象处选择载物台-载物台运行导轨滑动副，在条件命令栏中运算符改为 >，值改为 100，即当载物台距离初始位置大于100mm 时触发外壳透明仿真序列			图 5-116
29	外壳恢复	外壳恢复仿真序列配置	运用仿真序列选中外壳恢复显示更改器，勾选执行模式，将执行模式改为 Once，选择条件对象处选择载物台-载物台运行导轨滑动副，在条件命令栏中运算符改为 <，值改为 100，即当载物台距离初始位置小于100mm 时触发外壳恢复仿真序列			图 5-117

注：以序号 1 为例进行说明。门上升仿真序列配置——打开仿真序列命令，选中门上升下降位置控制，勾选运行时参数栏中的位置和速度选项，将位置设置为 400mm，速度设置为 200mm/s，并命名为门上升，如图 5-89 所示。

图 5-89　门上升仿真序列配置　　　　图 5-90　载物台送料仿真序列配置

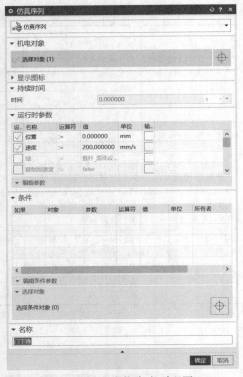

图 5-91　门下降仿真序列配置

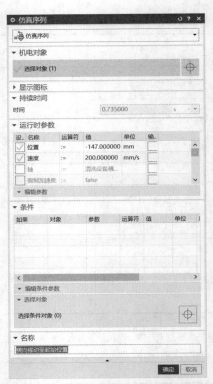

图 5-92　清洗设备横向移动仿真序列配置

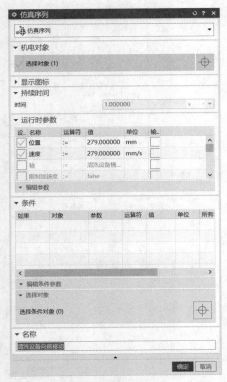

图 5-93　横梁前后移动仿真序列配置

图 5-94　清洗设备上下移动仿真序列配置

图 5-95　清洗设备横向移动仿真序列配置　　　　图 5-96　清洗设备前后移动仿真序列配置

图 5-97　清洗设备横向移动仿真序列配置　　　　图 5-98　清洗设备前后移动仿真序列配置

图 5-99　清洗设备横向移动仿真序列配置

图 5-100　设备前后移动仿真序列配置

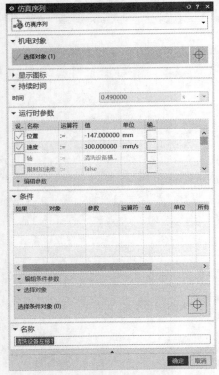

图 5-101　设备横向移动仿真序列配置

图 5-102　设备前后移动仿真序列配置

图 5-103　设备横向移动仿真序列配置

图 5-104　设备前后移动仿真序列配置

图 5-105　设备横向移动仿真序列配置

图 5-106　设备前后移动仿真序列配置

图 5-107　设备横向移动仿真序列配置

图 5-108　设备前后移动仿真序列配置

图 5-109　设备横向移动仿真序列配置

图 5-110　竖直方向复位仿真序列配置

图 5-111　纵向复位仿真序列配置

图 5-112　横向复位仿真序列配置

图 5-113　清洗完成门开启仿真序列

图 5-114　电池送出仿真序列配置

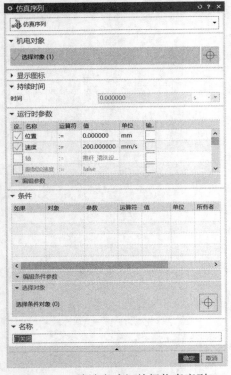

图 5-115　清洗完成门关闭仿真序列

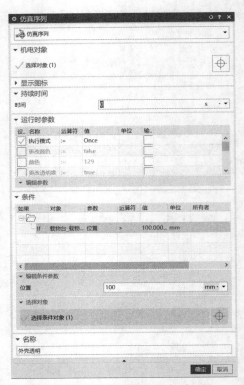

图 5-116　外壳透明仿真序列配置

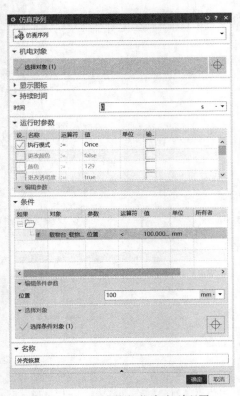

图 5-117　外壳恢复仿真序列配置

至此,激光清洗设备仿真序列配置完成,按照步骤顺序进行连接即可,连接完成后如图 5-118 所示。

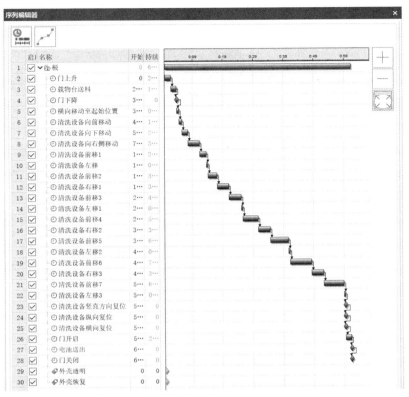

图 5-118 激光清洗设备仿真序列配置结果

仿真序列配置完成后,接下来介绍激光清洗设备运动过程。具体流程如下:

激光清洗设备上升门打开→载物台运送物料至激光清洗指定位置(当载物台运行距离大于 100mm 时,外壳变为透明)→横梁运行至初始位置→清洗设备向前移动至电池上方→清洗设备下降至电池上方→清洗设备右移→清洗设备前移→清洗设备左移(重复前移→左移→前移→右移动作直至清洗完成)→清洗设备竖直方向复位→清洗设备纵向复位→清洗设备横向复位→上升门开启→清洗完成电池送出→门关闭→外壳恢复,如图 5-119 所示。

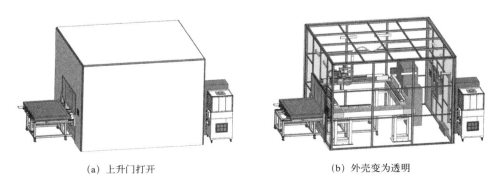

(a) 上升门打开　　　　　　　　　　(b) 外壳变为透明

图 5-119

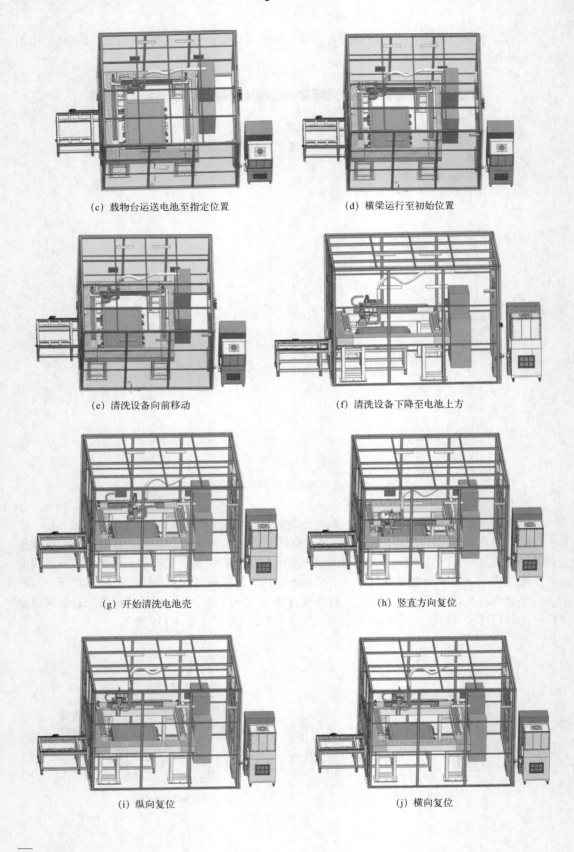

（c）载物台运送电池至指定位置

（d）横梁运行至初始位置

（e）清洗设备向前移动

（f）清洗设备下降至电池上方

（g）开始清洗电池壳

（h）竖直方向复位

（i）纵向复位

（j）横向复位

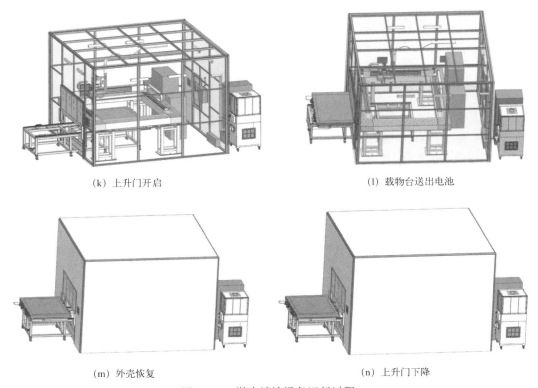

（k）上升门开启　　　　　　　　　　　　（l）载物台送出电池

（m）外壳恢复　　　　　　　　　　　　（n）上升门下降

图 5-119　激光清洗设备运行过程

5.2　TIA 博途与 NX-MCD 数字样机激光清洗设备虚拟调试

5.2.1　激光清洗设备 PLC 程序编写

（1）PLC 变量设置

根据激光清洗设备的运动形式,在默认变量表中提前设置 PLC 所需变量（主要设置 IO 变量,其他形式变量可在程序编写过程中建立），激光清洗设备运动控制所需变量如图 5-120 所示。

（2）PLC 程序编写

首先通过上升沿指令给程序通电,由置位指令控制开关 2 闭合,开关 2 闭合后,门通电开始上升,程序如图 5-121 所示。

当门上升到指定位置后,"上升"开关闭合,同时断开开关 2,闭合开关 3,开关 3 闭合后通过置位指令使载物台通电开始运送电池,同时激光清洗设备外壳变为透明,程序如图 5-122 所示。

当运送到指定位置后"载物台运入电池"开关闭合,后续程序开始通电,开关 4 闭合,通过复位指令使门关闭,程序如图 5-123 所示。

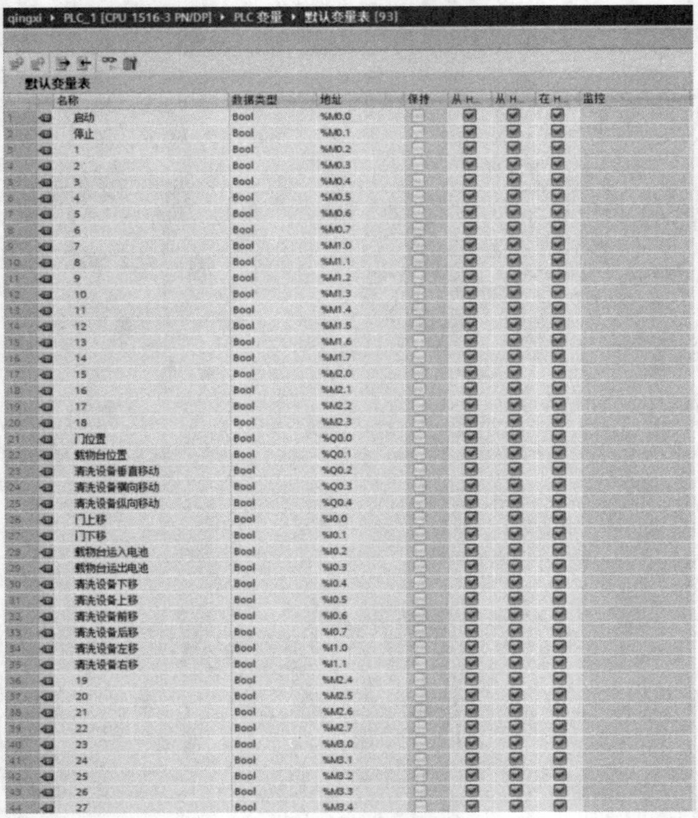
qingxi ▸ PLC_1 [CPU 1516-3 PN/DP] ▸ PLC 变量 ▸ 默认变量表 [93]

默认变量表

	名称	数据类型	地址	保持	从 H...	从 H...	在 H...	监控
1	启动	Bool	%M0.0					
2	停止	Bool	%M0.1					
3	1	Bool	%M0.2					
4	2	Bool	%M0.3					
5	3	Bool	%M0.4					
6	4	Bool	%M0.5					
7	5	Bool	%M0.6					
8	6	Bool	%M0.7					
9	7	Bool	%M1.0					
10	8	Bool	%M1.1					
11	9	Bool	%M1.2					
12	10	Bool	%M1.3					
13	11	Bool	%M1.4					
14	12	Bool	%M1.5					
15	13	Bool	%M1.6					
16	14	Bool	%M1.7					
17	15	Bool	%M2.0					
18	16	Bool	%M2.1					
19	17	Bool	%M2.2					
20	18	Bool	%M2.3					
21	门位置	Bool	%Q0.0					
22	载物台位置	Bool	%Q0.1					
23	清洗设备垂直移动	Bool	%Q0.2					
24	清洗设备横向移动	Bool	%Q0.3					
25	清洗设备纵向移动	Bool	%Q0.4					
26	门上移	Bool	%I0.0					
27	门下移	Bool	%I0.1					
28	载物台运入电池	Bool	%I0.2					
29	载物台运出电池	Bool	%I0.3					
30	清洗设备下移	Bool	%I0.4					
31	清洗设备上移	Bool	%I0.5					
32	清洗设备前移	Bool	%I0.6					
33	清洗设备后移	Bool	%I0.7					
34	清洗设备左移	Bool	%I1.0					
35	清洗设备右移	Bool	%I1.1					
36	19	Bool	%M2.4					
37	20	Bool	%M2.5					
38	21	Bool	%M2.6					
39	22	Bool	%M2.7					
40	23	Bool	%M3.0					
41	24	Bool	%M3.1					
42	25	Bool	%M3.2					
43	26	Bool	%M3.3					
44	27	Bool	%M3.4					

图 5-120　默认变量表

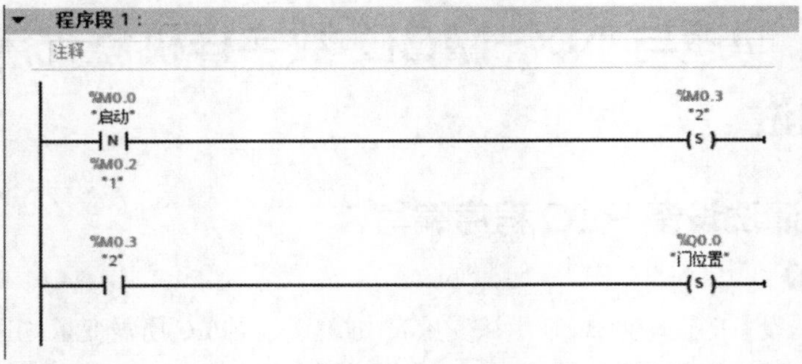

图 5-121　门位置控制程序

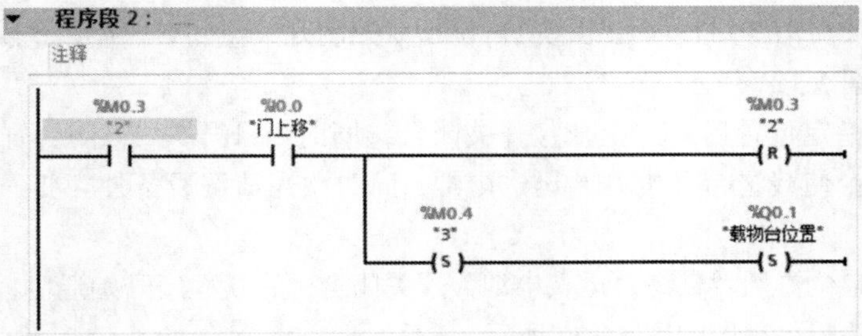

图 5-122　载物台位置控制程序

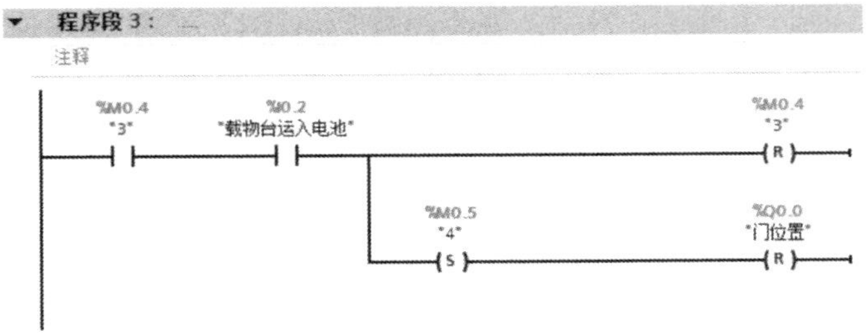

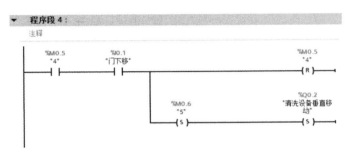

图 5-123　门关闭

门关闭后，"门下移"开关闭合，门位置线圈断电，清洗设备垂直移动开关上电，程序如图 5-124 所示。

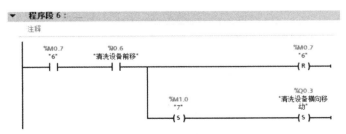

图 5-124　清洗设备垂直移动

清洗设备下移到指定位置后，"清洗设备下移"开关闭合，清洗设备垂直移动线圈断电，清洗设备纵向移动开关上电，程序如图 5-125 所示。

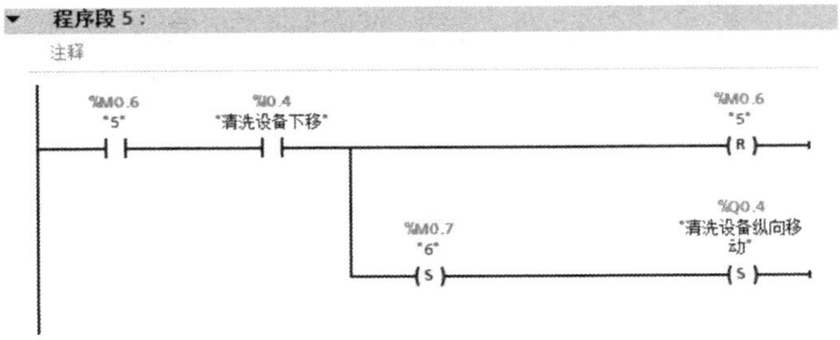

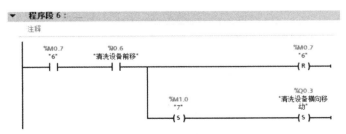

图 5-125　清洗设备纵向移动

清洗设备前移到指定位置后，"清洗设备前移"开关闭合，清洗设备纵向移动线圈断电，清洗设备横向移动开关上电，程序如图 5-126 所示。

图 5-126　清洗设备横向移动

清洗设备右移到指定位置后，"清洗设备右移"开关闭合，清洗设备横向移动线圈断电，清洗设备纵向移动开关上电，程序如图 5-127 所示。

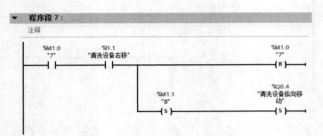

图 5-127　清洗设备纵向移动

重复以上编写思路，使清洗设备左右移动对电池清洗，直至完成电池表面清洗。至此，电池表面激光清洗完成，运用复位指令使清洗设备垂直移动线圈上电，程序如图 5-128 所示。

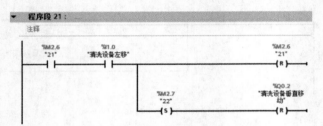

图 5-128　清洗设备垂直移动复位

当清洗设备上移至指定位置后，"清洗设备上移"开关闭合，运用复位指令使清洗设备纵向移动线圈上电，程序如图 5-129 所示。

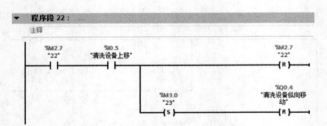

图 5-129　清洗设备纵向移动复位

当清洗设备后移至指定位置后，"清洗设备后移"开关闭合，运用置位指令使门位置线圈上电，程序如图 5-130 所示。

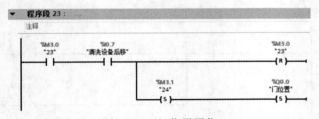

图 5-130　门位置置位

　　当门上移至指定位置后，"门上移"开关闭合，运用复位指令使载物台位置线圈上电，程序如图 5-131 所示。

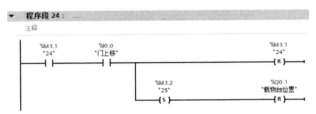

图 5-131　载物台位置复位

　　当载物台运出至指定位置后，"载物台位置"开关闭合，同时，清洗设备外壳恢复不透明状态，运用复位指令使门位置线圈上电，程序如图 5-132 所示。

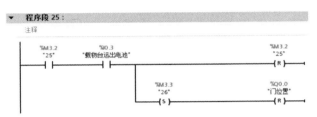

图 5-132　门位置复位

　　当门下移至指定位置后，"门下移"开关闭合，在通过接通延时定时器定时 1s 后，使开关 2 置位，重新为程序上电，达到程序循环运行的目的，程序如图 5-133 所示。

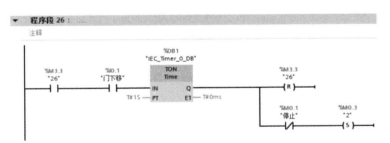

图 5-133　程序重新上电

　　最后，设置开关 27 控制程序所有开关及线圈整体复位，达到运行中恢复程序至初始状态的目的，整体恢复程序如图 5-134 所示。

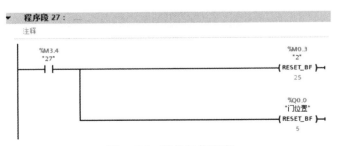

图 5-134　整体复位程序

5.2.2 激光清洗设备 NX-MCD 内部信号配置

（1）传感器与执行器更改

PLC 控制时，NX-MCD 的传感器与执行器要做部分修改，否则会与 PLC 控制相冲突，导致仿真失败，具体更改如下：

首先清空激光清洗设备 NX-MCD 仿真的除外壳透明和外壳恢复外的所有仿真序列，如图 5-135 所示，并另存，将文件命名为"激光清洗设备 PLC 控制"。

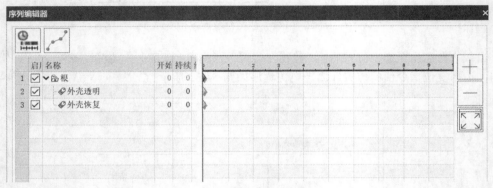

图 5-135 删除仿真序列结果

分别对 NX-MCD 中的位置控制更改速度值大小，目标会在之后采用别的命令进行配置，此处不用设置，同时若不设置速度值，则在 PLC 程序控制时部件将无法运动，更改完成后如图 5-136 所示。

图 5-136　更改位置控制速度值

设置门位置传感器。打开位置传感器命令，机电对象选择推杆与外部框架间滑动副，并命名为"门状态"，如图 5-137 所示。

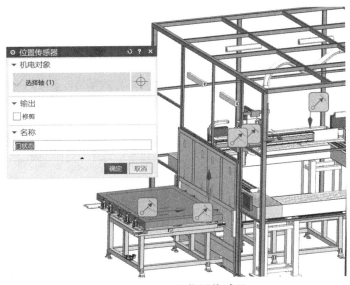

图 5-137　设置门位置传感器

设置载物台位置传感器。打开位置传感器命令，机电对象选择载物台与载物台运行导轨间滑动副，并命名为"载物台运行状态"，如图 5-138 所示。

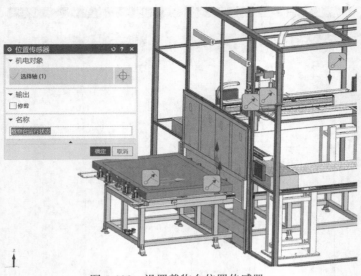

图 5-138　设置载物台位置传感器

设置清洗设备垂直方向位置传感器。打开位置传感器命令，机电对象选择清洗设备纵向移动与清洗设备竖直方向导轨间滑动副，并命名为"清洗设备竖直方向状态"，如图 5-139 所示。

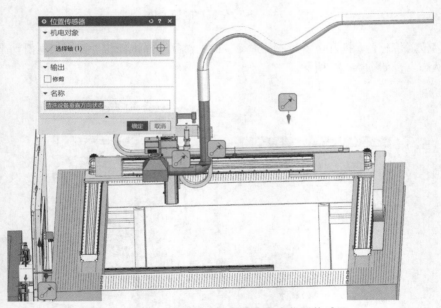

图 5-139　设置清洗设备垂直方向位置传感器

设置清洗设备横向方向位置传感器。打开位置传感器命令，机电对象选择清洗设备横向移动与清洗设备横梁上导轨间滑动副，并命名为"清洗设备横向运行状态"，如图 5-140 所示。

设置清洗设备纵向方向位置传感器。打开位置传感器命令，机电对象选择清洗设备横梁与清洗支架上导轨间滑动副，并命名为"清洗设备纵向运动状态"，如图 5-141 所示。

传感器与执行器配置如图 5-142 所示。

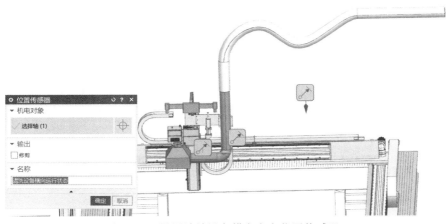

图 5-140　设置清洗设备横向方向位置传感器

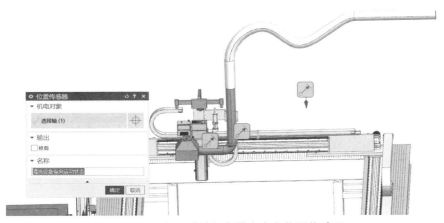

图 5-141　设置清洗设备纵向方向位置传感器

图 5-142　传感器与执行器配置

（2）NX-MCD 信号配置

"信号适配器"命令能够编写公式和创建信号，对机电对象进行行为控制。创建包含信号的信号适配器后，会在机电导航器中自动创建信号对象，可以使用该信号连接外部信号，也可以在 NX-MCD 内使用"仿真序列"命令控制该信号。在一个信号适配器中可以包含若干个信号和公式。具体配置如下：

① 输出信号配置。打开"信号适配器"命令，分别选中"传感器与执行器"中配置的五个位置传感器，运用"添加参数"区域的"添加"命令将传感器添加至信号适配器中，之后点击"信号"区域中"添加"，添加 10 个信号（门上升、门下降、载物台运入电池、载物台运出电池、清洗设备上升、清洗设备下降、清洗设备右移、清洗设备左移、清洗设备前移、清洗设备后移），分别对应五个位置传感器运动的方式，勾选"信号"区域中 10 个信号，如图5-143 所示，之后分别对 10 个信号配置运行逻辑，如"公式"区域所示，配置完成后点击"确定"即可。

图 5-143　输出信号配置

　　② 输入信号配置。与上一步设置步骤类似，不同的是在"参数名称"区域中选择的是 5个位置控制，而非位置传感器，在"信号"区域中添加 5 个信号，并将"信号"区域的输出改为输入，之后勾选"参数名称"区域中 5 个信号，在"公式"区域中编写控制逻辑，如图 5-144所示。

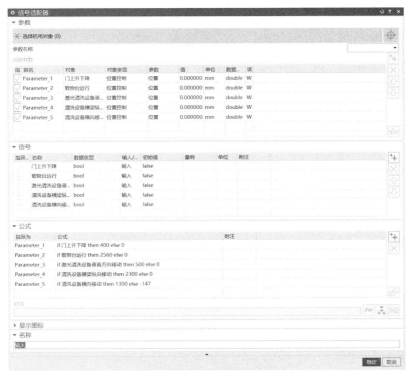

图 5-144　输入信号配置

5.2.3　NX-MCD 与 TIA 博图软件通信建立

（1）TIA 博途软件内部配置

点击设备与网络中设备的 CPU，在下方状态栏中打开常规选项，打开 PROFINET 接口[X1]
下拉菜单栏，选中以太网地址选项，按图 5-145 所示设置以太网地址（IP 地址根据自己实际情
况设定），本例为 192.168.8.10，如不确定，读者也可与本例设置相同地址。

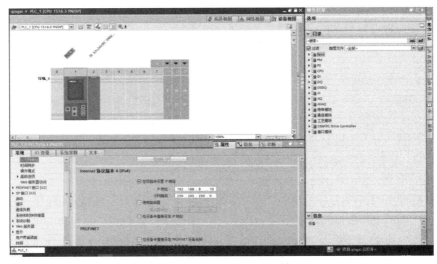

图 5-145　设置以太网地址

在 CPU 下方属性下的常规状态栏中, 打开访问与安全菜单栏中的连接机制选项, 勾选"允许来自远程对象的 PUT/GET 通信访问", 如图 5-146 所示。

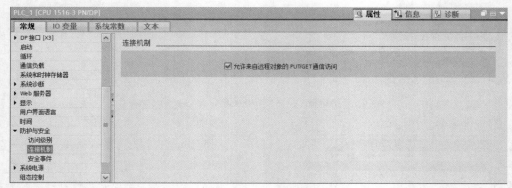

图 5-146　连接机制

右击所建立的项目 (本例为 qingxi), 选择属性→保护, 勾选"块编译时支持仿真"选项, 如不勾选则会导致仿真失败, 勾选完成后如图 5-147 所示。

图 5-147　块编译时支持仿真

（2）PLCSIM Advanced 配置

打开 PLCSIM Advanced, 在 Online Access 处开启 PLCSIM Advanced, 配置项目名称 (名称只能为英文或数字, 不可以设置为汉字) 及 IP 地址等选项, IP 选择在 TIA 博途软件中所设置的地址, 点击"Start"按钮即可完成 PLCSIM Advanced 配置, 开启成功后"Active PLC Instance (s) "变为黄色, 配置完成后如图 5-148 所示。

（3）PLC 与 PLCSIM Advanced 通信

与桁架配置类似, 点击上方菜单栏中"下载到设备"选项, 在弹出窗口中配置好"PG/PC 接口的类型""PG/PC 接口""接口/子网的连接"选项, 配置完成后点击"开始搜索"按钮, 搜索目标设备, 搜索完成后选择对应设备, 点击"下载", 即可将 PLC 程序下载至 PLCSIM Advanced 中, 如图 5-149 所示。

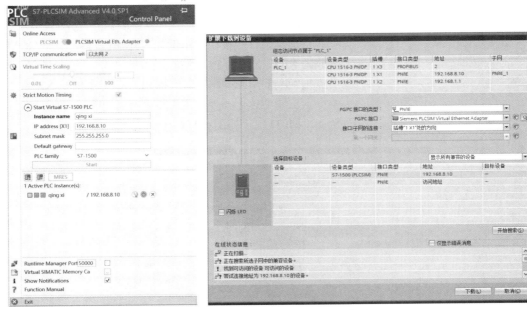

图 5-148　完成 PLCSIM Advanced 配置　　　图 5-149　下载程序至 PLCSIM Advanced 中

5.2.4　激光清洗设备虚拟调试仿真

在机电概念设计环境中单击"主页"选项卡→"自动化"命令组中最右侧的"更多"选项箭头→"外部信号配置"，如图 5-150 所示。

图 5-150　外部信号配置

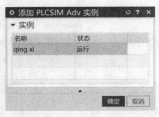

图 5-151　添加实例

点击"添加实例"按钮，即可显示可连接选项，如图 5-151 所示。

点击"确定"按钮将示例加入外部信号中，将"IOM"更改为"IO"，因为 PLC 控制机械手只需 IO 变量即可，然后点击"更新标记选项"，即可将 PLC 信号更新至 NX-MCD 中，点击"全选"→"确定"，即可将 PLC 外部信号配置至 NX-MCD 中，如图 5-152 所示。

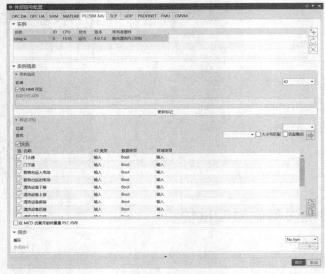

图 5-152　PLC 外部信号配置至 NX-MCD 中

在机电概念设计环境中单击"主页"选项卡→"自动化"命令组中最右侧的"更多"选项箭头→"信号映射"，将 NX-MCD 信号与 PLC 信号一对一进行配置，配置完成后如图 5-153 所示。

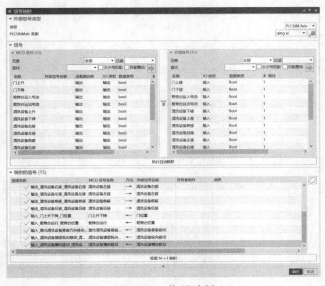

图 5-153　信号映射

信号配置完成后 NX-MCD 与 PLC 信号连接如图 5-154 所示。

在 NX-MCD 中点击播放按钮，使 NX-MCD 处于待机状态，之后在 TIA 博途软件中点击 ![按钮]，启动 CPU，之后点击 ![图标] "启用/禁用监视" 选项，实现对 PLC 程序监控，通过右击上升沿指令先给一个 "1" 信号，之后给一个 "0" 信号，使后续 PLC 程序通电，完成对 NX-MCD 的控制，通电完成后 TIA 博途软件如图 5-155 所示，激光清洗设备仿真如图 5-156 所示（因激光清洗设备 PLC 控制运行方式与 5.1.7 节中类似，所以不一一截图，仅截取运行过程中部分图片）。

图 5-154　信号配置结果

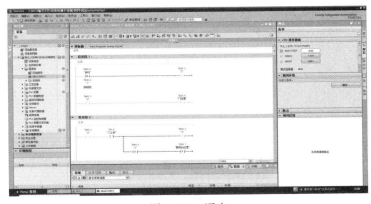

图 5-155　通电

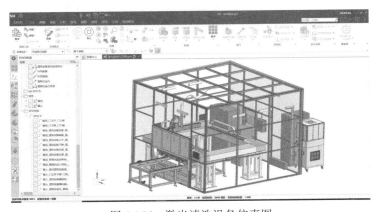

图 5-156　激光清洗设备仿真图

5.3　码垛机械手与激光清洗设备流程加工虚拟调试

5.3.1　码垛机械手与激光清洗设备模型调试

（1）桁架及激光清洗设备模型导入

激光清洗设备 PLC 仿真配置完成后，即可在激光清洗设备仿真中导入桁架模型，进而实现两者的联合仿真，具体步骤如下：

① 将调试好的激光清洗设备 PLC 控制模型另存，并命名为"联合仿真"。

② 打开"联合仿真"模型文件，将桁架模型导入，如图 5-157 所示。

图 5-157　导入模型

③ 导入地面，并将地面装配至激光清洗设备底部（位置满足仿真需要即可），如图 5-158 所示。

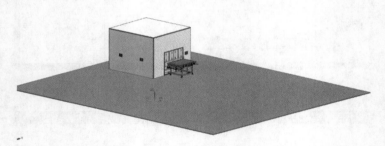

图 5-158　装配地面

④ 运用"距离"命令将桁架装配至地面上（同样满足仿真要求即可，如有实际需要可酌情更改），如图 5-159 所示。

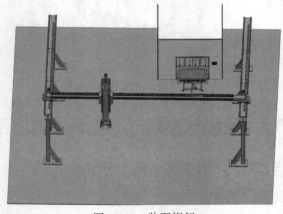

图 5-159　装配桁架

（2）配置机电导航器内相关参数

由于是将桁架导入激光清洗设备仿真中，所以无须对激光清洗设备配置，只对桁架相关参数配置即可，具体配置如下：

① 配置桁架基本机电对象。此处参考桁架基本机电对象配置即可，配置完成后总体的基本机电对象如图 5-160 所示。

② 配置运动副和约束。此处仍大部分参照之前设置即可，更改的部分较少，采用固定副命令将激光清洗设备固定在地面上即可，如图 5-161 所示。配置完成后运动副和约束如图 5-162 所示。

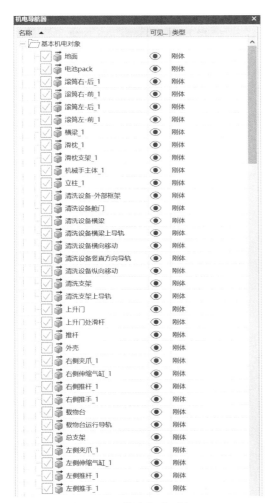

图 5-160　基本机电对象

图 5-161　激光清洗设备与地面固定

③ 桁架上机械手的耦合副也按照之前章节设置即可，设置完成如图 5-163 所示。

④ 传感器和执行器设置。参考 4.1.2 中将桁架位置控制及传感器设置完成即可，桁架及激光清洗设备的传感器和执行器如图 5-164 所示。

⑤ 信号配置。分别打开输出信号与输入信号，参考 4.1.2 节配置桁架的输出信号，将其添加至激光清洗设备输出信号与输入信号下方，添加完成后如图 5-165 和图 5-166 所示。

运动副和约束			上升门_上升门处滑杆_SJ(1)	滑动副
地面_FJ(1)_1	固定副		上升门_推杆_FJ(1)	固定副
电池pack_载物台_FJ(1)	固定副		上升门处滑杆_清洗设备舱...	固定副
滚筒右-后_机械手主体_HJ(...	铰链副		推杆_清洗设备-外部框架_...	滑动副
滚筒右-前_机械手主体_HJ(...	铰链副		外壳_FJ(1)	固定副
滚筒左-后_机械手主体_HJ(...	铰链副		外壳_地面_FJ(1)	固定副
滚筒左-前_机械手主体_HJ(...	铰链副		右侧夹爪_滚筒右-后_HJ(1)...	铰链副
横梁_立柱_SJ(1)_1	滑动副		右侧夹爪_滚筒右-前_HJ(1)...	铰链副
滑枕_滑枕支架_SJ(1)_1	滑动副		右侧夹爪_右侧推杆_HJ(1)...	铰链副
滑枕支架_横梁_SJ(1)_1	滑动副		右侧伸缩气缸_机械手主体_...	固定副
机械手主体_滑枕_FJ(1)_1	固定副		右侧推杆_右侧伸缩气缸_SJ...	滑动副
立柱_地面_FJ(1)_1	固定副		右侧推手_机械手主体_SJ(1)...	滑动副
清洗设备-外部框架_外壳_...	固定副		载物台_载物台运行导轨_SJ...	滑动副
清洗设备舱门_清洗设备-...	固定副		载物台运行导轨_总支架_FJ...	固定副
清洗设备横梁_清洗支架上...	滑动副		总支架_FJ(1)	固定副
清洗设备横梁上导轨_清洗...	固定副		左侧夹爪_滚筒左-后_HJ(1)...	铰链副
清洗设备横向移动_清洗设...	滑动副		左侧夹爪_滚筒左-前_HJ(1)...	铰链副
清洗设备竖直方向导轨_清...	固定副		左侧夹爪_左侧推杆_HJ(1)_1	铰链副
清洗设备纵向移动_清洗设...	滑动副		左侧伸缩气缸_机械手主体...	固定副
清洗支架_FJ(1)	固定副		左侧推杆_左侧伸缩气缸_SJ...	滑动副
清洗支架上导轨_清洗支架...	固定副		左侧推手_机械手主体_SJ(1)...	滑动副

图 5-162　运动副和约束配置结果

耦合副		
夹爪_1	齿轮副
升降气缸_1	齿轮副

图 5-163　机械手耦合副设置

传感器和执行器		
横梁位置_1	位置控制
横梁状态_1	位置传感器
滑枕位置_1	位置控制
滑枕支架位置_1	位置控制
滑枕支架状态_1	位置传感器
滑枕状态_1	位置传感器
激光清洗设备垂直方向移动	位置控制
夹爪位置_1	位置控制
夹爪状态_1	位置传感器
门上升下降	位置控制
门状态	位置传感器
清洗设备垂直状态	位置传感器
清洗设备横梁纵向移动	位置控制
清洗设备横向移动	位置控制
清洗设备横向状态	位置传感器
清洗设备纵向状态	位置传感器
升降气缸位置_1	位置控制
升降气缸状态_1	位置传感器
外壳恢复	显示更改器
外壳透明	显示更改器
载物台运行	位置控制
载物台状态	位置传感器

图 5-164　传感器和执行器配置结果

⚙ 信号适配器

▾ 参数

✕ 选择机电对象 (0)

参数名称

添加参数

指	别名	对象	对象类型	参数	值	单位	数据...	读
	Parameter_1	横梁状态_1	位置传感器	值	0.000000	mm	double	R
	Parameter_2	滑枕支架状态_1	位置传感器	值	0.000000	mm	double	R
	Parameter_3	滑枕状态_1	位置传感器	值	0.000000	mm	double	R
	Parameter_4	夹爪状态_1	位置传感器	值	0.000000	mm	double	R
	Parameter_5	升降气缸状态_1	位置传感器	值	0.000000	mm	double	R
	Parameter_6	门状态	位置传感器	值	0.000000	mm	double	R
	Parameter_7	载物台状态	位置传感器	值	0.000000	mm	double	R
	Parameter_8	清洗设备垂直状...	位置传感器	值	0.000000	mm	double	R
	Parameter_9	清洗设备横向状...	位置传感器	值	0.000000	mm	double	R
	Parameter_10	清洗设备纵向状...	位置传感器	值	0.000000	mm	double	R

▾ 信号

指派...	名称	数据类型	输入/...	初始值	量纲	单位	附注
☑	前移	bool	输出	false			
☑	后移	bool	输出	false			
☑	左移	bool	输出	false			
☑	右移	bool	输出	false			
☑	上移	bool	输出	false			
☑	下移	bool	输出	false			
☑	张开	bool	输出	false			
☑	闭合	bool	输出	false			
☑	伸出	bool	输出	false			
☑	缩回	bool	输出	false			
☑	门上升	bool	输出	false			
☑	门下降	bool	输出	false			
☑	送料	bool	输出	false			
☑	出料	bool	输出	false			
☑	清洗设备下降	bool	输出	false			
☑	清洗设备上升	bool	输出	false			
☑	清洗设备左移	bool	输出	false			
☑	清洗设备右移	bool	输出	false			
☑	清洗设备前移	bool	输出	false			
☑	清洗设备后移	bool	输出	false			

▾ 公式

指派为	公式	附注
前移	if Parameter_1<30[mm] then true Else false	
后移	if Parameter_1>9450[mm] then true Else false	
左移	if Parameter_2<-950[mm] then true Else false	
右移	if Parameter_2>6250[mm] then true Else false	
上移	if Parameter_3<30[mm] then true Else false	
下移	if Parameter_3>1450[mm] then true Else false	
张开	if Parameter_4>75[mm] then true Else false	
闭合	if Parameter_4<5[mm] then true Else false	
伸出	if Parameter_5>75[mm] then true Else false	
缩回	if Parameter_5<5[mm] then true Else false	
门上升	if Parameter_6>385[mm] then true Else false	
门下降	if Parameter_6<20[mm] then true Else false	
送料	if Parameter_7>2530[mm] then true Else false	
出料	if Parameter_7>50[mm] then true Else false	
清洗设备下降	if Parameter_8>470[mm] then true Else false	
清洗设备上升	if Parameter_8<30[mm] then true Else false	
清洗设备左移	if Parameter_9<-130[mm] then true Else false	
清洗设备右移	if Parameter_9>1270[mm] then true Else false	
清洗设备前移	If (Parameter_10>30[mm]) Then { true } Else If (Parameter_10>77...	
清洗设备后移	if Parameter_10<30[mm] then true Else false	

公式

▸ 显示图标

▾ 名称

输出

图 5-165　输出信号

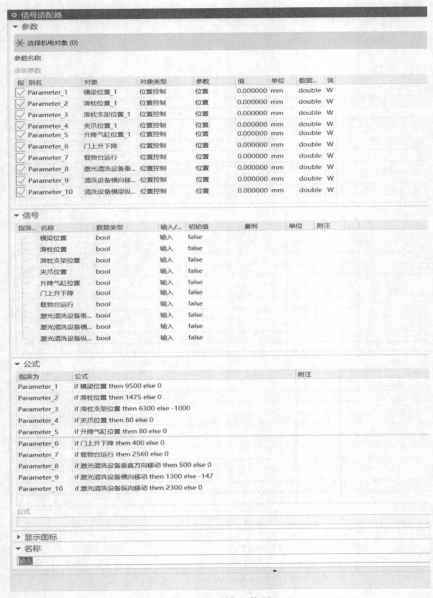

图 5-166　输入信号

5.3.2　码垛机械手与激光清洗设备 PLC 程序调试

① PLC 变量添加。在激光清洗设备 PLC 控制默认变量表中加入桁架 PLC 控制的相关变量，加入完成后如图 5-167 所示。

② PLC 主程序编写。将桁架 PLC 程序添加至激光清洗设备程序前方，因为需先用桁架将电池运送至激光清洗设备载物台后，激光清洗设备才开始运行，对电池进行清洗。

需在激光清洗设备程序后添加一个接通延时定时器，如图 5-168 所示，方便桁架与激光清洗设备仿真协调运行，桁架与激光清洗设备程序衔接如图 5-169 所示，其余程序与桁架和激光清洗设备 PLC 程序一致，所以此处不进行配图。

	名称	数据类型	地址			名称	数据类型	地址
1	启动	Bool	%M0.0	36	19		Bool	%M2.4
2	停止	Bool	%M0.1	37	20		Bool	%M2.5
3	1	Bool	%M0.2	38	21		Bool	%M2.6
4	2	Bool	%M0.3	39	22		Bool	%M2.7
5	3	Bool	%M0.4	40	23		Bool	%M3.0
6	4	Bool	%M0.5	41	24		Bool	%M3.1
7	5	Bool	%M0.6	42	25		Bool	%M3.2
8	6	Bool	%M0.7	43	26		Bool	%M3.3
9	7	Bool	%M1.0	44	27		Bool	%M3.4
10	8	Bool	%M1.1	45	28		Bool	%M3.5
11	9	Bool	%M1.2	46	29		Bool	%M3.6
12	10	Bool	%M1.3	47	30		Bool	%M3.7
13	11	Bool	%M1.4	48	31		Bool	%M4.0
14	12	Bool	%M1.5	49	32		Bool	%M4.1
15	13	Bool	%M1.6	50	33		Bool	%M4.2
16	14	Bool	%M1.7	51	34		Bool	%M4.3
17	15	Bool	%M2.0	52	35		Bool	%M4.4
18	16	Bool	%M2.1	53	36		Bool	%M4.5
19	17	Bool	%M2.2	54	37		Bool	%M4.6
20	18	Bool	%M2.3	55	38		Bool	%M4.7
21	门位置	Bool	%Q0.0	56	39		Bool	%M5.0
22	载物台位置	Bool	%Q0.1	57	40		Bool	%M5.1
23	清洗设备竖直移动	Bool	%Q0.2	58	41		Bool	%M5.2
24	清洗设备横向移动	Bool	%Q0.3	59	横梁位置		Bool	%Q0.5
25	清洗设备纵向移动	Bool	%Q0.4	60	滑枕位置		Bool	%Q0.6
26	门上移	Bool	%I0.0	61	滑枕支架位置		Bool	%Q0.7
27	门下移	Bool	%I0.1	62	夹爪位置		Bool	%Q1.0
28	载物台运入电池	Bool	%I0.2	63	升降气缸位置		Bool	%Q1.1
29	载物台运出电池	Bool	%I0.3	64	上移		Bool	%I1.2
30	清洗设备下移	Bool	%I0.4	65	下移		Bool	%I1.3
31	清洗设备上移	Bool	%I0.5	66	张开		Bool	%I1.4
32	清洗设备前移	Bool	%I0.6	67	闭合		Bool	%I1.5
33	清洗设备后移	Bool	%I0.7	68	伸出		Bool	%I1.6
34	清洗设备左移	Bool	%I1.0	69	缩回		Bool	%I1.7
				70	前移		Bool	%I2.0
				71	后移		Bool	%I2.1
				72	左移		Bool	%I2.2
				73	右移		Bool	%I2.3
				74	<新增>			

图 5-167　PLC 变量添加

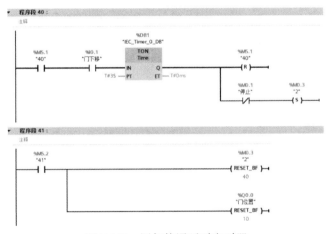

图 5-168　添加接通延时定时器

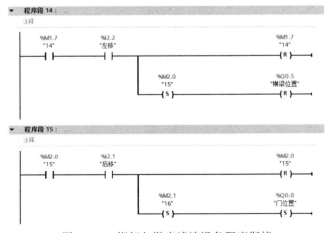

图 5-169　桁架与激光清洗设备程序衔接

5.3.3 码垛机械手与激光清洗设备加工流程仿真

（1）TIA 博途软件及 NX-MCD 信号配置

如 5.2.3 节所述，更改 IP 地址，勾选"块编译时支持仿真"和"允许来自远程对象的 PUT/GET 通信访问"，配置好博途软件。

配置 PLCSIM Advanced，注意保证 IP 地址与 TIA 博途软件一致。

将编写好的联合仿真 PLC 程序下载至 PLCSIM Advanced 中。

采用 5.2.4 节相同方式将 TIA 信号与 NX-MCD 信号连接。

（2）流程仿真

上几个小节已经将桁架与激光清洗设备 PLC 信号等配置完成，由于之前章节已经对桁架与激光清洗设备运行动作做了详细讲解，这里不再叙述，读者可自行验证。

本章总结

本章主要介绍NX-MCD中集成的外部控制命令与虚拟调试的分类和实现方法，并以 TIA 博途软件控制 NX-MCD 中激光清洗设备和桁架的仿真为例，详细介绍了 TIA 博途软件程序的编写、NX-MCD 内部逻辑的生成以及仿真的运行过程，为读者提供参考。

外部控制命令包含了外部信号配置命令和信号映射命令，主要功能是配置外部控制器信号与外部信号通信。

虚拟调试能够加快设备开发的时间，因为在实际制造和组装之前，可以通过虚拟仿真来调试和验证设备的性能和功能。这有助于发现和解决问题，提高生产效率并缩短开发周期。总的来说，虚拟调试是一种高效的方法，可以帮助机器设备制造商在设备开发过程中节省时间和资源。

第6章

新能源动力电池涂胶装配虚拟调试

在第 4 章中介绍了 ABB 机器人的单机虚拟调试，本章将针对具体的任务，介绍新能源动力电池涂胶装配虚拟调试，从机器人选型、装配入手，到机器人控制程序的编写，最后实现涂胶装配虚拟调试仿真。

6.1　NX-MCD：涂胶机器人建模

6.1.1　涂胶机器人选型

此处工业机器人用途是进行工件的涂胶工作，选择 ABB 机器人 IRB 1600，如图 6-1 所示，由于 ABB 第二代 QuickMove 运动控制以及机器人的强大电机和直齿轮的低摩擦损耗，IRB 1600 加速和降速均快于 ABB 其他机器人，节约了不同任务之间的切换时间，高刚性的设计减少振动和摩擦，使机器人能够生产优质工件、提高产量并降低次品率。它具有出色的可靠性，即便在恶劣的作业环境下，或是要求严格的全天候作业中，该款机器人都能应对自如。整个机械部分防护等级均为 IP54，敏感件是标准的 IP67 防护等级。高刚性设计配合直齿轮，使这款机器人的可靠性更佳，智能碰撞检测软件进一步增强这款机器人的可靠性。

6.1.2　涂胶机器人数模导入与组装

ABB 官网下载机器人数模，如图 6-2 所示，模型文件为 stp 格式，将模型文件导入 NX-MCD 中进行装配操作。

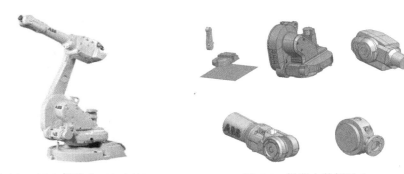

图 6-1　ABB 机器人 IRB 1600　　　　图 6-2　机器人数模导入

在 NX-MCD 机电概念设计界面使用装配约束命令对机器人关节进行约束，完成机器人的组装，如图 6-3 所示。

6.1.3　涂胶机器人六轴定义

机器人组装完成后，需要对机器人各个关节进行定义，在 NX-MCD 中将机器人关节定义为刚体，图 6-4 和图 6-5 分别是机器人底座和肘部的刚体定义。

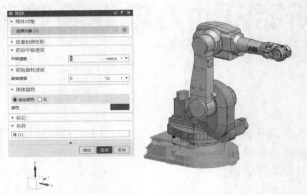

图 6-3　机器人组装

图 6-4　机器人底座刚体定义

图 6-5　机器人肘部刚体定义

定义为刚体后，需要定义机器人各关节间的运动副关系，使用 NX-MCD 基本运动副命令。图 6-6 所示为机器人底座固定副定义，图 6-7 所示为机器人关节铰链副定义。

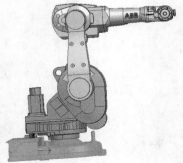

图 6-6　底座固定副定义

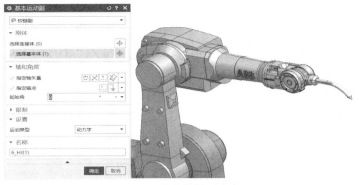

图 6-7　关节铰链副定义

6.1.4　涂胶机器人运动仿真

对机器人进行定义之后，需要进行机器人的运动仿真，检查机器人定义是否完整，各关节是否处于正确运动关系。点击路径约束运动副，如图 6-8 所示。

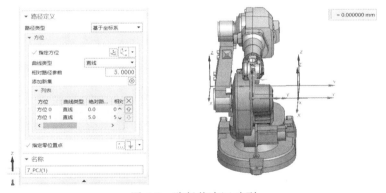

图 6-8　路径约束运动副

如图 6-9 所示，定义好运动约束运动副路径后，点击"速度控制"赋予其仿真速度，使其可以移动。

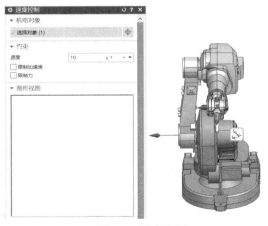

图 6-9　速度控制

之后点击"播放"，就可以看到机器人按照路径进行运动了。

6.2 涂胶机器人虚拟控制系统与 NX-MCD ABB 数字样机机器人虚拟调试

6.2.1 涂胶机器人程序编写

在 RobotStudio 的虚拟示教器中使用运动指令进行 ABB 运动程序的编写，定义运动路径上的关键点，机器人沿路径完成整个涂胶工作。示教器切换为手动模式，依次示教路径关键点，使用示教器编写程序，如图 6-10 所示。

（1）涂胶机器人输入信号与输出信号建立

为了完成 NX-MCD 中机器人的虚拟调试，需要在 RobotStudio 机器人系统中编写关节数据发送程序。这里我们使用了 OPC UA 通信方式，在 rapid 程序中将关节数据赋予相应的变量，同时 NX-MCD 外部信号处连接 OPC UA Server，完成输入-输出信号配置。打开 RobotStudio 并编写 Rapid 程序，如图 6-11 所示。

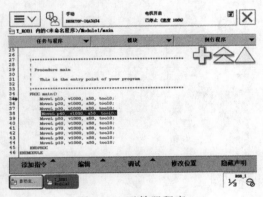

图 6-10 示教器程序

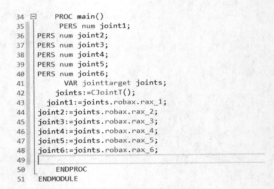

图 6-11 Rapid 程序界面

图 6-12 机器人关节控制信号建立

之后按照第 4 章所描述，将此 Rapid 程序定义为后台半自动程序。最后我们可以在 NX-MCD 中看到定义好的信号。

（2）涂胶机器人与虚拟机器人控制器 RobotStudio 通信建立

按照 4.2 节中介绍的步骤，在信号适配器中将位置控制信号与输入信号关联起来，如图 6-12 所示。连接 OPC Server 之后，在信号映射界面，手动完成 RobotStudio 与 NX-MCD 的对应信号的映射关系，如图 6-13 所示。

这样就完成了机器人的信号映射，机器人虚拟示教器与 NX-MCD 机器人建立了连接，可以对机器人进行调试工作。

（3）涂胶机器人虚拟调试仿真

前面我们完成了虚拟示教器与 NX-MCD 虚拟机器人的连接，接下来我们可以使用机器人虚拟示教器对机器人进行控制，如图 6-14 所示，完成机器人的虚拟调试仿真。通过示教器的操作可以看到机器人随着控制而运动，完成虚拟调试。

图 6-13　RobotStudio 与 NX-MCD 信号映射

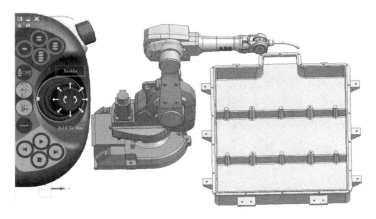

图 6-14　虚拟示教器控制 NX-MCD 机器人界面

6.2.2　涂胶机器人流程加工虚拟调试

（1）涂胶机器人模型调试

在 NX-MCD 中导入图 6-15 所示的电池壳模型，机器人的工作是在电池壳边缘处涂胶，使后续工作中电池壳可以将电池密封，如图 6-16 所示。

接下来使用示教器来控制机器人到达涂胶工作点和加工路径，进行机器人的涂胶可达性测试，依次调试机器人的涂胶线路和关键点，如图 6-17 所示。可达性测试可以帮助仿真人员找到机器人在当前位置处可达性的最佳解决方案。

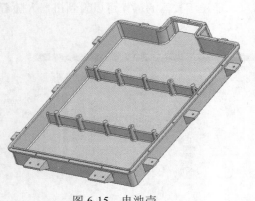

图 6-15　电池壳

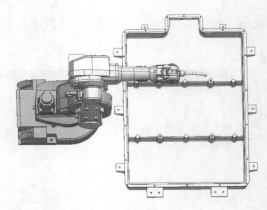

图 6-16　电池壳体导入

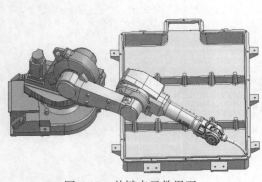

图 6-17　关键点示教界面

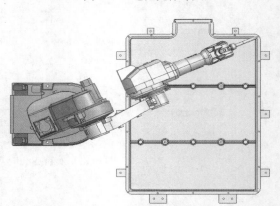

图 6-18　机器人按照程序设定路径运动

（2）涂胶机器人加工流程仿真

完成了机器人虚拟调试的准备工作后，接下来就可以进行涂胶机器人的加工流程工作。点击 NX-MCD "播放" 按钮，可以看到机器人从初始位姿变为 RobotStudio 中定义的机器人初始姿态，然后沿着定义好的路径进行运动，如图 6-18 所示。最后关闭虚拟示教器，完成机器人的仿真工作。

**本章
总结**

本章对涂胶装配机器人的虚拟调试进行了简单介绍，从机器人选型到数模导入、数字样机的构建、运动仿真、RobotStudio 编程再到 NX-MCD 虚拟调试，既是对前面知识的总结，又介绍了一些新的知识，使读者能更好地理解和掌握工业机器人的虚拟调试。学完这一章，读者可以自行练习一个机器人项目，检测自己的学习情况。

第7章
新能源动力电池产线虚拟调试

汽车是高新技术产物，汽车工业涉及很多新技术，汽车工业的发展水平很大程度上体现了国家制造业水平。

随着新能源汽车取得一系列技术突破，一场新的汽车革命正在全球范围内兴起。在这样的背景下，新能源汽车先进制造技术的研发和应用就显得十分重要。一方面，汽车轻量化技术是有效降低油耗、减少排放和提升安全性的重要技术措施之一；另一方面，智能制造是未来汽车企业构建核心竞争力的关键环节之一。在传统汽车制造的基础之上，新能源汽车仍有很多全新的工艺技术亟待开发。

电动汽车技术的核心在于"三电"系统，即电驱系统、电池系统和电控系统，这三个系统构成了电动汽车的关键技术。动力电池是"三电"的核心，也是"三电"中成本最高、最复杂的一个系统。如图7-1所示，电芯以并联或串联的形式组成电池模组，再将电池模组摆放在电池包壳体中，集成热管理系统、电池管理系统等部件，就形成了汽车动力电池包。

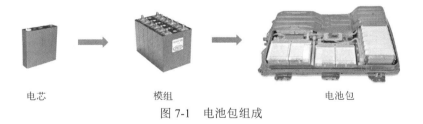

电芯　　　　　　　　　模组　　　　　　　　　　　电池包

图 7-1　电池包组成

本章将以新能源动力电池生产车间为例，介绍新能源动力电池集成工艺及产线虚拟调试。

7.1　新能源动力电池车间规划

车间布局（layout）规划是为了提高对设备、设施、器材、人力资源和能源的利用率，而对车间的物理设备进行位置规划的过程。一般布局图纸上应该包括人、机、料、法、环等信息。其中"人"是指：作业人员的操作位置，管理人员的现场办公区域，检验人员的工作区域，物流人员的配送通道。"机"包括：机器设备的摆放位置，机器设备的维修保养通道，机器设备的水电气管路，机器设备的外设防护，工装模具放置区，工装模具检修保养区。"料"包括：原材料存放区，在制品存放区，产成品存放区。"法"是指：工艺路线和物流路线。"环"包括：空调水暖通风设施，照明规划，员工休息区，人行通道，参观路线。

7.1.1 新能源动力电池车间平面布局建立

　　自动化生产线安装布局总体要求是能达到提高生产效率和节省的原则。在自动化生产线现场工艺布局图的绘制过程中，需要根据产品的生产工艺来对自动化生产线中的各工位进行确定。在工位的确定过程中需要依照现场的实际情况来对各工位的位置进行合理的布局并绘制成图，从而实现将各工位有序地串联或并联成一个有机的整体。图 7-2 所示为车间平面布局。

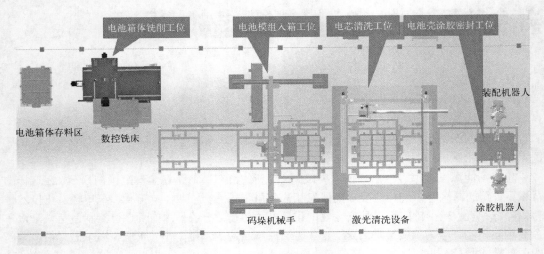

图 7-2　车间平面布局

7.1.2　车间工艺分析

　　新能源电池生产的典型工艺流程为：壳体组装或焊接—电池模组入箱—电极清洗—电气线路及零件安装（安装线束、安装 BMS 系统等）—在线电气测试—整包合盖密封（涂胶/螺栓拧紧）—最终测试（线末检测、电气测试、绝缘性检测、充电等）—密封测试—下线，还涉及电芯的测试及组装等工序，由此可见新能源电池的生产过程相当复杂。为了简化调试过程，降低调试难度，我们仅进行壳体的加工—电池模组入箱—电极清洗—整包合盖密封（涂胶/螺栓拧紧）四个工序的调试。其中电池包壳体采用一体化铸造成型，如图 7-3 所示，与传统焊接成型相比，具有集成度高、轻量化的优点。

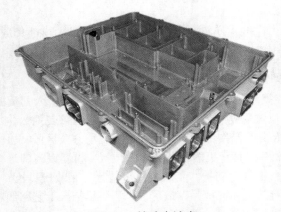

图 7-3　铸造电池壳

轻量化与高安全性的要求使得铝合金电池包壳体成为了动力电池外壳的使用主流,动力电池外壳之所以采用铝合金材料是因为其具有加工成型容易、耐高温耐腐蚀以及良好的传热性和导电性。同样容量下, 采用铝合金电池壳体相比钢壳更薄, 重量更轻; 一旦电池出现爆炸,锂电池铝壳比钢壳的迸发力弱, 铝壳动力电池造成的危害更低。

不仅如此, 铝合金壳体还有如下优势:

① 使用寿命长: 铝合金壳体经过模拟老化试验表明其使用寿命在 20 年以上, 远远超过了其他传统金属材料。

② 阻燃、无烟、无毒:铝合金材料的阻燃性等级可达 FV0, 在高温灼烧下发烟量级别达 15级, 烟气无毒 (准安全一级) 。

③ 防爆性能优越:动力电池铝壳盖板上特别设有防爆装置, 在电芯内部压力过大的情况下,防爆装置会自动打开泄压, 以防止出现爆炸的现象。

7.1.3　车间设备选型

所谓设备选型就是从可以满足需要的不同型号、规格的设备中,经过技术经济的分析评价,选择最佳方案以作出购买决策。合理选择设备, 可使有限的资金发挥最大的经济效益。设备选型应遵循的原则如下: 生产上适用; 技术上先进; 经济上合理; 设备的可靠性和可维护性良好。

根据以上原则, 结合车间的工艺分别对铣床、码垛机械手、激光清洗设备和涂胶机器人进行选型。

(1) 数控铣床选型

① 根据加工零件的尺寸选用　铣床要完成的工序是进行电池壳边缘涂胶密封部分的铣削,为了减少装夹次数,尽量一次装夹完成全部的加工。铣床的工作范围应该大于等于电池箱体的加工部分的尺寸, 电池壳尺寸如图 7-4 所示, 长为 1340mm, 宽为 1055mm, 因此应该选择行程大于零件加工尺寸的数控铣床。

② 根据加工零件的精度要求选用　从精度选择来看, 一般的数控铣床即可满足大多数零件的加工需要。对于精度要求比较高的零件, 则应考虑选用精密型的数控铣床。

③ 根据加工零件的加工特点来选择　对于加工部位是框形平面或不等高的各级台阶, 那么选用点位-直线系统的数控铣床即可, 如果加工部位是曲面轮廓, 应根据曲面的几何形状决定选择两坐标联动或三坐标联动的系统。也可根据零件加工要求, 在一般的数控铣床的基础上,增加数控分度头或数控回转工作台, 这时机床的系统为四坐标的数控系统, 可以加工螺旋槽、叶片零件等。

④ 根据零件的批量或其他要求选择　对于大批量的零件, 可采用专用铣床加工。如果是中小批量而又是经常周期性重复投产的零件, 那么采用数控铣床加工是非常合适的, 因为第一批量中准备好的工位夹具、程序等可以存储起来重复使用。

从长远考虑, 自动化程度高的铣床代替普通铣床, 减轻劳动者的劳动量提高生产率的趋势是不可避免的。

(2) 码垛机械手选型

码垛机械手的选型主要考虑机械手的工作行程、额定负载以及精度等要求,考虑到电池壳的尺寸长为 1340mm, 宽为 1055mm, 因此码垛机械手的行程应该大于等于该值,并留有一定余量。单个电池模组的重量大概在 30kg, 因此码垛机械手的额定负载应该大于等于该值。电池模组的装配精度需要达到±1mm。

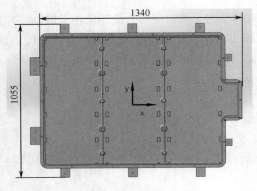

图 7-4　电池壳尺寸

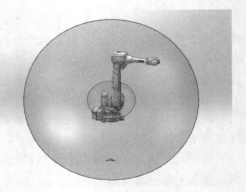

图 7-5　机器人工作空间

（3）涂胶装配机器人选型

机器人主要的选型原则为：有效负载、应用行业、工作空间、运转速度、刹车和转动惯量、防护等级、自由度、本体重量、重复定位精度等九个方面。

根据机器人的工作空间选择机器人。机器人工作空间是机器人末端执行器工作区域的描述，机器人末端执行器能达到的点的集合称为工作空间。如图 7-5 所示，ABB 官网上下载的机器人模型，机器人周围的球体就是机器人的工作空间，也就是机器人第五关节能到达的空间位置的集合。由于机器人工作时需要在末端法兰上安装执行器工具，因此机器人实际的工作空间还要考虑加入末端工具的变化，最终选择三台 IRB 1600 机器人。

7.1.4　三维布局建立

根据二维布局进行三维布局的搭建，对照二维布局将相应的设备模型搭建起来，如图 7-6 所示。

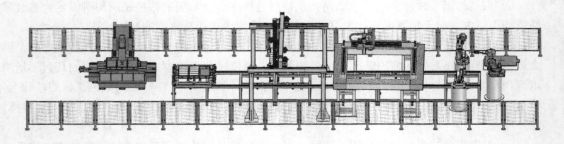

图 7-6　三维布局

7.2　新能源动力电池线体虚拟调试平台搭建

7.2.1　码垛机械手电子样机构建

通过选型分析可知，从机械手的行程考虑，在第 3 章里建立的码垛机械手电子样机满足电池模组的装配需求。因此将第 3 章建立的码垛机械手进行修改作为电子样机，如图 7-7 所示，这里将夹爪换成了吸盘，其他刚体、运动副、位置控制执行器、传感器等的设置与之前章节一致，读者可以借此机会考察自己的掌握情况。

图 7-7　码垛机械手电子样机

7.2.2　涂胶装配机器人电子样机构建

通过选型分析，从工作空间、有效负载和定位精度考虑选择图 7-8 所示的 IRB 1600 机器人。其中涂胶机器人选择最大可达距离为 1.2m 的型号，装配机器人选择最大可达距离为 1.45m 的型号，机器人的额定负载为 10kg，定位精度为 0.3mm。机器人的模型以及运动副、传感器等的定义可以参考第 6 章的设置。

7.2.3　数控机床电子样机构建

第 3 章建立的数控机床模型满足电池壳边缘的铣削加工需求，因此选择它作为新能源动力电池壳体铣削工序的机床电子样机，如图 7-9 所示，具体的参数设置可以参考第 3 章。

图 7-8　IRB 1600 机器人

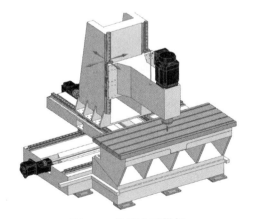

图 7-9　机床电子样机

7.2.4　机械手虚拟 PLC 系统构建

打开 PLCSIM Advanced，在 Online Access 处开启 PLCSIM Advanced，配置项目名称及 IP

地址等选项，IP 选择在 TIA 博途软件中所设置的地址，点击开始按钮即可完成 PLCSIM Advanced 配置，配置完成后如图 7-10 所示。

7.2.5 机器人虚拟控制系统构建

新建工作站，添加三台 IRB 1600 机器人，然后创建三个新控制器，如图 7-11 所示。勾选"自定义选项"，系统选项中"Default Language"选择中文，"Industrial Networks"勾选 709-1、969-1，如图 7-12 所示，"Communication"勾选 616-1、1582-1，如图 7-13 所示。

图 7-10 虚拟 PLC 设置

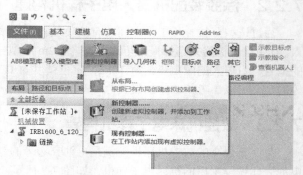

图 7-11 创建新控制器

图 7-12 "Industrial Networks"设置

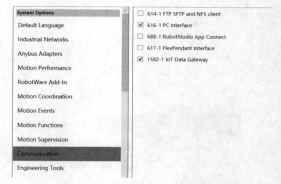

图 7-13 "Communication"设置

7.2.6 虚拟数控系统构建

打开 SinuTrain 软件，创建新机床，选择使用模板。由前面的分析可知，电池壳的铣削只需要一台三轴数控铣床就可以，因此机床类型选择"Vertical milling machine"，点击"创建"，如图 7-14 所示。并按照 4.3.3 节的步骤，进行 OPC UA 通信的配置，当然，可以直接用第 4 章建立的虚拟数控系统。

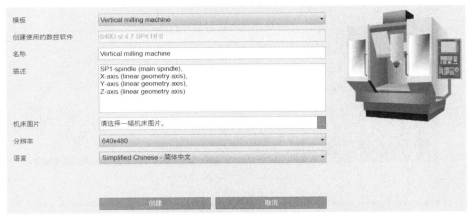

图 7-14　创建虚拟数控系统

7.3　新能源动力电池线体虚拟调试

7.3.1　虚拟控制系统编程

（1）电池模组码垛编程

打开 TIA 博图软件，界面如图 7-15 所示，点击"启动"→"创建新项目"，在"项目名称"处可以更改本次创建项目名称，同时，在路径处可更改保存路径，点击"创建"按钮，即可完成项目创建。

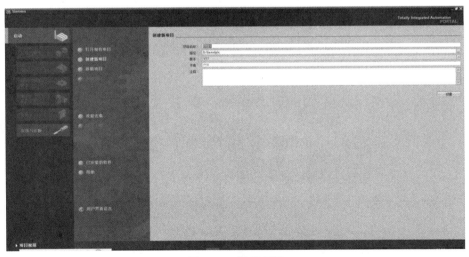

图 7-15　新建项目

项目创建完成后如图 7-16 所示。

在项目视图中双击"添加设备"按钮，在弹出的窗口中单击"SIMATIC S7-1500"，选择所需要的 CPU 设备，点击"确定"按钮即可完成设备添加，如图 7-17 所示。

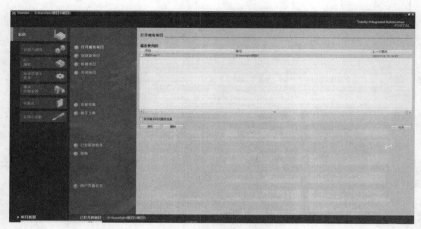

图 7-16   完成项目创建

图 7-17   添加设备

点击设备与网络中设备的 CPU，在下方状态栏中打开常规选项，打开 PROFINET 接口[X1]下拉菜单栏，选中以太网地址选项，如图 7-18 所示设置以太网地址。

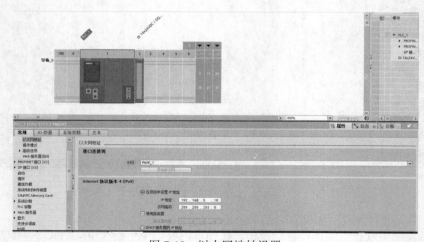

图 7-18   以太网地址设置

右击所建立的项目（本例为 hengjia），选择属性→保护，勾选"块编译时支持仿真"选项，如不勾选会导致仿真失败，如图 7-19 所示。

图 7-19　块编译时支持仿真

当载物台运载着电池壳移动到码垛工位，码垛机械手从初始位置移动到电池模组的上方，然后下降到吸盘接触到电池模组，吸盘吸起电池模组后，移动到电池壳上方，将电池模组放到电池壳里后，吸盘松开电池模组，码垛机械手回到初始位置，准备下一次抓取。

下面就按照这个思路进行码垛机械手的编程。首先考虑码垛机械手的移动需要三个移动指令，所以在程序块中双击选择添加新块，选择函数 FC，命名为"桁架移动"，在基本指令里找到移动操作，点开找到"MOVE"，然后拖动到程序段处的横线上，如图 7-20 所示，这样就建立了三个移动函数。在输入端输入数值,输出端与 NX-MCD 中的信号进行映射就能控制 NX-MCD 中的机械手移动到相应位置。点击块接口处的下拉箭头，新建几个输入输出变量，如图 7-21 所示，数据类型为 Real。之后修改 MOVE 指令输入输出端的变量名称，也就是对应刚才建立的几个输入输出变量，如图 7-22 所示。

图 7-20　创建移动函数

打开 NX-MCD,将码垛机械手和电池壳输送装置导入并定义好相对位置,如图 7-23 所示。通过前面的分析，首先载物台载着电池壳到达码垛位置，然后码垛机械手开始动作。这里需要在电池壳输送线上设置一个碰撞传感器，在载物台上设置一个碰撞体，二者的类别一致，将碰撞传感器的触发设置为输出信号，PLC 中在桁架移动的指令之前添加一个常开触点，这样，当载物台上的碰撞体碰撞到碰撞传感器时，PLC 中的常开触点闭合，码垛机械手开始移动。通过设置三个位置传感器检测桁架三个方向的位置作为输出信号，通过编写判断语句来判断桁架机械手是否到达指定的位置，将这三个信号映射为 PLC 中的常开触点，用于桁架机械手动作的连续动作，即首先判断桁架机械手移动到电池模组上方，若是到达电池模组上方，则机械手下降到吸盘与电池模组接触，当吸盘与电池模组接触后，吸盘吸起电池模组，机械手上移，然后移动到电池模组上方，最后将电池模组放入电池壳中。

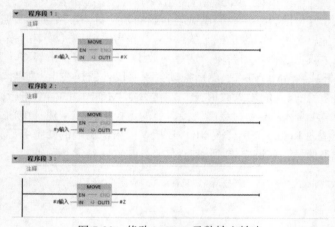

图 7-21　新建函数变量

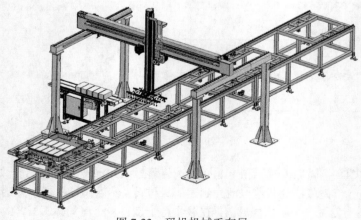

图 7-22　修改 MOVE 函数输入输出

图 7-23　码垛机械手布局

通过前面的分析，新建几个变量，如图 7-24 所示，其中 X、Y、Z 分别代表码垛机械手三个方向的位置。载物台位置用于控制载物台运动的距离，"载物台到达码垛工位"就是前面设置的碰撞传感器映射的常开触点，用于判断载物台是否到达码垛的位置，同样"到达抓取位置""吸取电池模组""抬起电池模组""到放置位置 1""放置 1"等都映射到 NX-MCD 中的输出信号，用于判断对应的进程是否完成，图 7-25 所示为码垛部分程序。

		名称	数据类型	地址	保持	从 H...	从 H...	在 H...	监控
1		X	Real	%QD0		☑	☑	☑	
2		Y	Real	%QD4		☑	☑	☑	
3		Z	Real	%QD8		☑	☑	☑	
4		载物台位置	Real	%QD12		☑	☑	☑	
5		载物台到达码垛工位	Bool	%I0.0		☑	☑	☑	
6		到达抓取位置	Bool	%I0.1		☑	☑	☑	
7		吸取电池模组	Bool	%I0.2		☑	☑	☑	
8		抬起电池模组	Bool	%I0.3		☑	☑	☑	
9		1	Bool	%M0.0		☑	☑	☑	
10		2	Bool	%M0.1		☑	☑	☑	
11		3	Bool	%M0.2		☑	☑	☑	
12		4	Bool	%M0.3		☑	☑	☑	
13		5	Bool	%M0.4		☑	☑	☑	
14		到放置位置1	Bool	%I0.4		☑	☑	☑	
15		6	Bool	%M0.5		☑	☑	☑	
16		7	Bool	%M0.6		☑	☑	☑	
17		8	Bool	%M0.7		☑	☑	☑	
18		放置1	Bool	%I0.5		☑	☑	☑	
19		9	Bool	%M1.0		☑	☑	☑	
20		10	Bool	%M1.1		☑	☑	☑	
21		11	Bool	%M1.2		☑	☑	☑	
22		到放置位置2	Bool	%I0.6		☑	☑	☑	

图 7-24　默认变量表

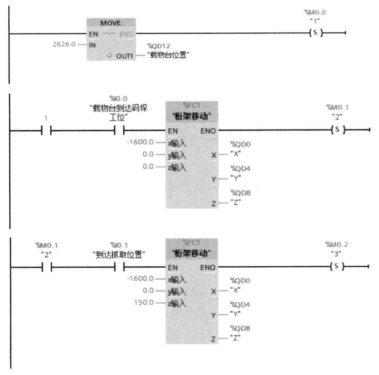

图 7-25

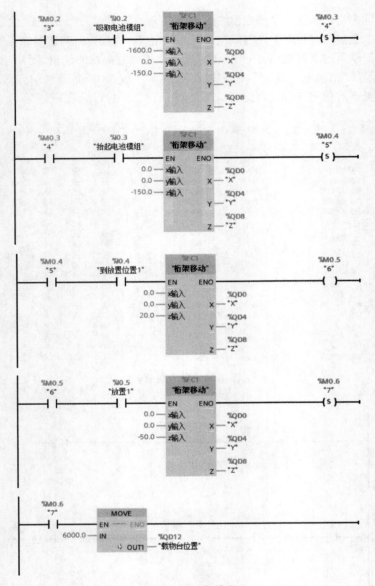

图 7-25　码垛编程

（2）激光清洗编程

如图 7-26 所示为激光清洗设备的俯视图，激光清洗设备完成清洗需要首先下降到一定高度，然后沿着图中的轨迹运行，再回到原位，这样就完成了一个周期的运动，下面将按照这个思路进行编程。

和前文中码垛机械手编程的思路类似，首先新建一个控制激光清洗设备移动的函数 FC，如图 7-27 所示，同样是三个 MOVE 指令，三个输入和三个输出。

首先是将清洗头下降到一定的高度，也就是向 z 方向移动，在 NX-MCD 中设置输出信号映射到 PLC 中的常开触点"到 z0"用于判断清洗头是否下降到设定位置，然后清洗头向 x 方向移动，同样在 NX-MCD 中设置输出信号并映射到 PLC 中的变量，用于判断清洗设备是否到达设定位置，同样的思路完成激光清洗设备整个运动过程的梯形图编写，如图 7-28 所示。

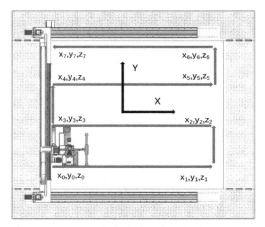

图 7-26　激光清洗设备运行轨迹

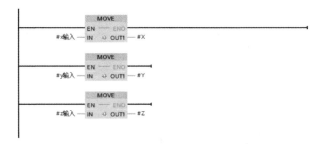

图 7-27　激光清洗设备移动 FC

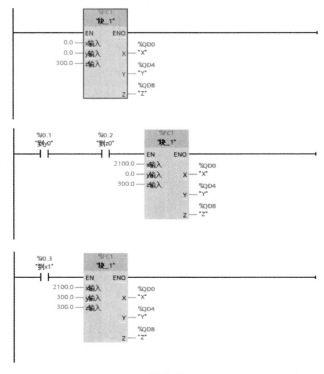

图 7-28

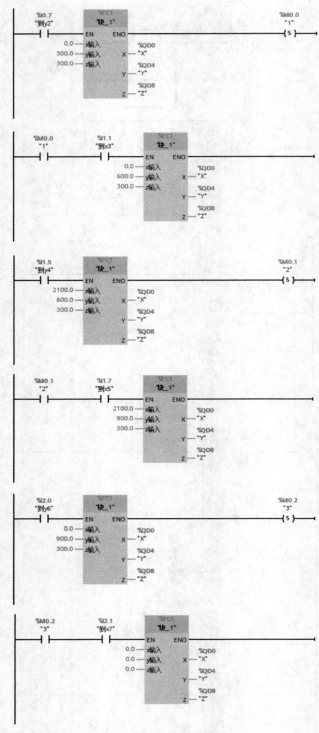

图 7-28　激光清洗编程

（3）涂胶装配编程

在 RobotStudio 的虚拟示教器中使用运动指令进行 ABB 运动程序的编写，定义运动路径上的关键点，机器人沿路径完成整个涂胶工作。示教器切换为手动模式，依次确定示教路径关键点，使用示教器编写程序，如图 7-29 所示。

在 RobotStudio 中使用机器人示教器对搬运机器人路径进行定义和调整，运行速度等运行数据可以在示教器中进一步设置。图 7-30 是搬运机器人运动控制程序。

图 7-29　机器人涂胶程序

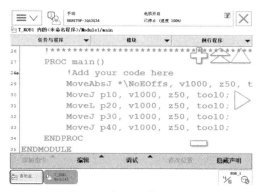

图 7-30　机器人搬运程序

在 RobotStudio 中使用机器人示教器对装配机器人路径进行定义和调整，主要是针对螺栓的位置与深度进行调试。图 7-31 是使用机器人进行螺栓装配的运动程序。

（4）电池壳铣削编程

新建一个零件程序，首先建立毛坯，毛坯输入如图 7-32 所示。

图 7-31　机器人装配程序

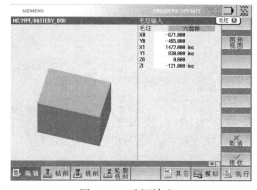

图 7-32　毛坯输入

调用刀具命令：T="CUTTER 16"D1M6，选用 16mm 立铣刀，D1 刀沿，M6 换刀命令。

设置主轴转速和方向：S3000M3，主轴转速 3000r/min，正向旋转。

由于电池壳的铣削轮廓比较复杂，这里采用从 DXF 导入的方式。首先是建立 DXF 文件，将要铣削部分的轮廓绘制并保存为 DXF 文件，如图 7-33 所示，应注意，需要绘制一个参考坐标系，且轮廓不能有重复的曲线。

选择"轮廓铣削"→"轮廓"→"新建轮廓"，

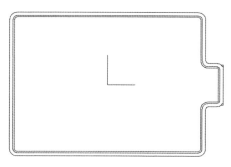

图 7-33　电池壳铣削轮廓

命名为 L1，选择"从 DXF 文件导入"，跳转到 DXF 文件选择界面，在硬盘系统中找到保存的 DXF 文件，双击打开，如图 7-34 所示，接着点击"指定参考点"，参考点选择参考坐标系的原点，然后点击"选择元素"，选择电池壳铣削内轮廓的一条边线，接着点击"元素起点"，点击"确认"，如图 7-35 所示。接着点击"接收元素"，如图 7-36 所示，直到轮廓封闭，点击"传输轮廓"，弹出对话框"结束从 DXF 文件中接收？"如图 7-37 所示，点击"是"，弹出图 7-38 所示的界面，检查轮廓无误后，点击"接收"完成内轮廓的创建。用同样的方法创建外轮廓。

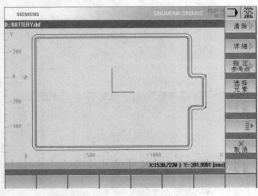

图 7-34　DXF 文件打开

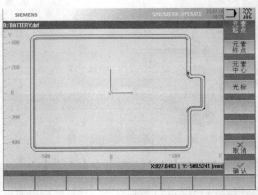

图 7-35　选择第一个元素

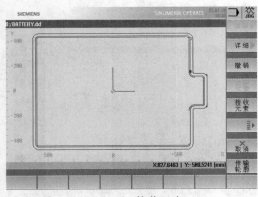

图 7-36　接收元素

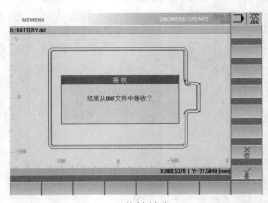

图 7-37　传输轮廓

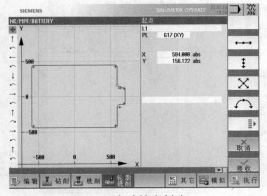

图 7-38　完成轮廓创建

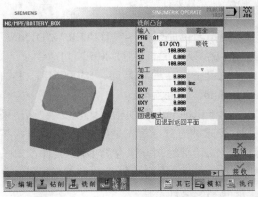

图 7-39　铣削凸台

依次调用内轮廓和外轮廓，接着点击"铣削凸台"输入参数如图 7-39 所示。最后输入主程序结束指令：M30。完成电池壳轮廓铣削程序的创建。点击"模拟"，观察铣削的轮廓是否正确，无误的话说明程序创建正确。

7.3.2　线体与虚拟控制系统通信

线体与虚拟控制系统的通信和单机的通信方式是一样的，可以分别对铣削电池壳、码垛电池模组、激光清洗以及涂胶装配进行单机虚拟调试，然后将调试完的单机设备导入一个装配体中，如图 7-40 所示。

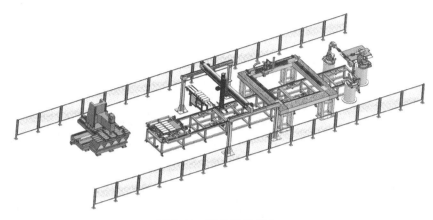

图 7-40　整线设备组合

虚拟数控系统和虚拟机器人控制器都是通过 OPC UA 与 NX-MCD 通信，与单机虚拟调试通信连接一样，这里不再详述。图 7-41 所示为虚拟数控系统与整线通信，图 7-42 为虚拟机器人控制器与总线通信，分别找到并勾选前面我们需要的外部信号。

图 7-41　虚拟数控系统通信

图 7-42　虚拟机器人控制器通信

虚拟 PLC 与整线的通信与单机虚拟调试时操作相同，读者可以参考前面的步骤进行通信连接，如图 7-43 所示。

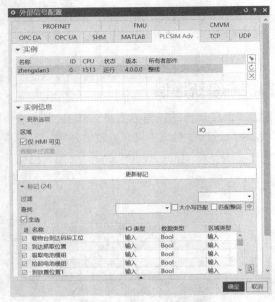

图 7-43　虚拟 PLC 通信

7.3.3　整线虚拟调试

　　整线虚拟调试与单机虚拟调试不同的地方在于需要编写 PLC 程序，将这几个工序联系起来。对于新能源电池生产线来说，需要将码垛、激光清洗、涂胶装配几个工序连接起来，使它们能够顺序执行。

　　这里以码垛到激光清洗的 PLC 控制程序为例，前文对电池模组码垛和激光清洗分别进行了编程，在码垛结束之后作图 7-44 所示的修改，然后添加图 7-45 所示的程序段，使载物台移动到激光清洗工位，然后在激光清洗程序前加上一个判断载物台是否到位的常开触点，如图 7-46 所示。

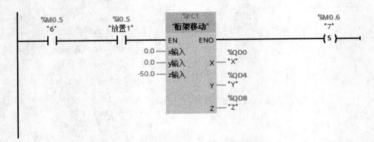

图 7-44　码垛结束衔接程序

图 7-45　载物台移动至清洗工位

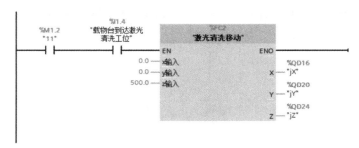

图 7-46　判断是否到达清洗工位

启动 PLCSIM Advanced，如图 7-47 所示，编译并下载程序到虚拟 PLC 中，等 LED 灯变成绿色就下载成功了。之后到 NX-MCD 中进行外部信号配置和信号映射，如图 7-48 所示，添加 PLCSIM Adv 实例，点击"更新标记"并全选 IO 信号，点击"确定"完成 PLC 的信号配置。

图 7-47　启动 PLCSIM Advanced　　　　图 7-48　虚拟 PLC 信号配置

打开 SinuTrain 软件，启动之前配置好 OPC UA 选项并编写完电池壳铣削程序的虚拟机床，等待 OPC UA 启动成功后，回到 NX-MCD 中，对虚拟数控系统进行外部信号配置，如图 7-49 所示，并按照前面章节添加定制节点的方法，配置机床三个轴的位置信号以及主轴转速信号，点击"确定"，完成虚拟数控系统的外部信号配置。

打开 RobotStudio 软件，打开之前建立的涂胶装配的项目，接着打开 IoT Gateway Config 软件，按照之前的步骤添加三个"Alias"对应三个机器人虚拟控制器，回到 NX-MCD 中进行虚拟机器人控制器的外部信号配置，如图 7-50 所示，在 DeviceSet 下找到并勾选机器人六个轴的位置信号，三台机器人共 18 个轴信号，点击"确定"完成虚拟机器人控制器的外部信号配置。

图 7-49　虚拟数控系统外部信号配置

图 7-50　虚拟机器人系统外部信号配置

　　到这里所有的外部信号配置完成，下面进行信号映射。如图 7-51 所示，通过选择右上角的外部信号类型，分别对 PLCSIM Adv、OPC UA 类型的信号进行信号映射，其中 OPC UA 类型的信号包括虚拟数控系统和虚拟机器人系统的信号，将信号一一映射完成后点击"确定"，完成信号映射。

　　最后，启动虚拟机床和机器人虚拟控制器，在 NX-MCD 中点击"播放"按钮，可以看到线体按照预想运行，至此完成了整线的虚拟调试。

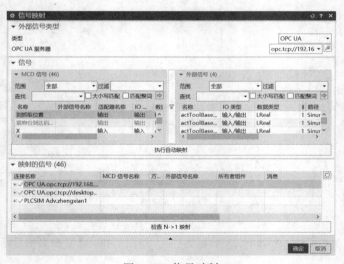

图 7-51　信号映射

本章总结　　本章我们在前面几章单机虚拟调试的基础上从车间规划、工艺分析、设备选型、车间布局到单机设备电子样机、虚拟控制系统构建进行了介绍，最后进行了整线的虚拟调试，在这个过程中考察了前面的知识。经过这一章的学习，读者可以更好地理解虚拟调试的内涵。

第 8 章

数字镜影技术与数字孪生技术

作为对虚拟调试技术的扩展，本章将从数字镜影和数字孪生两个方面入手，对比两种技术存在的差异，以及两种技术在工业数字化中的应用，最后介绍工厂车间、生产线和设备三个层级的数字镜影技术。

8.1 数字镜影技术

8.1.1 数字镜影技术的定义

数字镜影（digital shadow）是介于数字模型与数字孪生之间的一种在虚拟空间中映射现实世界的模式，是数字世界中物理资产的实时表示。它是物理事物或由物理事物组成的系统的软件模型。可以把它想象成一个实时的 CAD 程序，图中可显示计算机系统中对实体设备建立的一个虚拟版本，在虚拟工厂中，实体工厂的每个细节都被模拟。

如图 8-1 所示，数字镜影反映的就是设备实例在物联网平台上的一个虚拟映射，用户可以通过数字镜影模型直观地了解到实际设备的实时状态。数字镜影是对实体的映射，但是它不会对实体产生影响，只有实体会对它产生影响。在智能制造中，需要高稳定性和高安全性的设备就非常适合使用数字镜影作为映射来分析数据。

图 8-1　数字镜影技术

8.1.2　数字镜影在工业数字化中的应用

在数字镜影技术迅速发展且与制造业结合愈发紧密的背景下，基于生产要素数据、生产工艺流程与多工序设备实体对象的数字镜影车间可视化监控系统（图 8-2），从要素、状态、运行逻辑等多个维度对多工序耦合生产线实体对象进行镜像建模，基于 OPC UA、socket 等通信架构进行数据采集传输、虚拟车间的实时驱动等关键技术，可以实现流程制造设备状态、生产要素工艺全流程三维可视化显示。

图 8-2　基于数字镜影的车间可视化监控系统

数字镜影技术在工业数字化中的应用可以提高生产效率和产品质量，同时降低成本和增强企业竞争力，是实现工业制造智能化、数字化转型的重要手段，具有广阔的应用前景。

8.1.3　基于数字镜影的 NX-MCD 构建方法

NX-MCD 软件是一款专业的数字镜影软件，它可以帮助用户对生产设备进行三维重建、分析和模拟等操作。首先需要从官网下载并安装 NX-MCD 软件，之后在软件中进行如下操作：

① 创建机械模型　按照自动化生产线的设计要求以及各个工位所需要达到的生产目的，构建自动化生产线的数字模型。并在此基础上，通过定义刚体、碰撞体、运动副各种物理属性及运动属性，确定生产线中各个部件之间的相对位置和运动关系。

② 定义运动属性　基于定义的机械模型，创建各个运动部件的控制驱动，包括基于时间的控制和基于位置的控制，并赋予各个运动副相应的速度、位置、力矩等行为约束，使其能够按照正确的行为进行运动。

③ 定义几何模型　为了控制自动化生产线虚拟模型的运动，需要对各个运动副定义相应的执行机构，包括位置控制、速度控制、反算驱动机构、传输面等，从而控制自动化生产线虚拟模型按照给定的数值进行运动。

④ 创建信号　主要用于将信号连接到 NX-MCD 对象，以控制运行时参数或者输出运行时参数状态。利用信号可以在 NX-MCD 内部控制机械运动，也可以将这些 NX-MCD 信号用于跟外部信号进行数据交换。

⑤ 外部信号与信号映射　通过 MATLAB、OPC DA、OPC UA、PLCSIM Adv、PROFINET、SHM、TCP、UDP 等通信协议配置好外部信号的通信接口，可以对外部信号进行协同仿真。使

用以上通信协议实现 NX-MCD 的信号和外部接口的信号之间建立通信，就起到了信号映射的作用。信号映射是指在 NX-MCD 和外部接口之间交换数据，并在协同仿真期间使用控制信号来实现 NX-MCD 的物理模拟和 3D 可视化测试外部信号。

8.2 数字孪生技术

8.2.1 数字孪生技术的定义

数字孪生，英文名为 digital twin（数字双胞胎），是充分利用物理模型、传感器更新、运行历史等数据，集成多学科、多物理量、多尺度、多概率的仿真过程，在虚拟空间中完成映射，从而反映相对应的实体装备的全生命周期过程，如图 8-3 所示。数字孪生也可定义为：将真实的工厂映射到计算机虚拟环境中，形成一个与现实工厂相对应，可以对整个生产过程进行仿真、评估和优化，并进一步扩展到整个产品生命周期的新型生产组织方式。数字孪生技术可真实复刻物理实体至数字空间进行虚实映射，其框架包括物理世界、数字世界、孪生数据池、服务应用和数据连接等五个维度。数字孪生利用数字技术对物理实体对象的特征、行为、形成过程和性能等进行描述和建模，同时又采用了先进的传感器、工业物联网、历史大数据分析等技术，具有超逼真、多系统融合、高精度的特点，可实现监控、预测、数据挖掘等功能。数字孪生系统能有效整合、集成异构工业大数据，形成数据中台，并支持对这些实时数据、历史数据进行汇聚、分析，实现生产全流程的精准追踪、态势感知和智能预测，有效赋能智能制造资源配置、生产等业务体系。

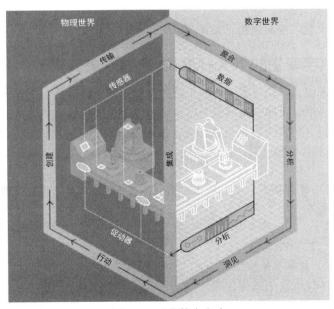

图 8-3　工业数字孪生

数字孪生智能制造是以新一代通信技术与先进制造技术深度融合为基础，贯穿于设计、生产、管理、服务等全流程的一种新型生产方式。相较于传统制造，智能制造具有自我感知和决策的能力。

数字孪生模型根据数据信息对物理实体的运动状态进行实时映射，用户通过控制软件或虚拟控制面板完成对物理实体和数字孪生模型的同步交互控制。从技术角度而言，数字孪生集成了建模与仿真、虚拟现实、物联网、云边协同以及人工智能等技术，通过实测、仿真和数据分析来实时感知、诊断、预测物理实体对象的状态，通过指令来调控物理实体对象的行为，通过相关数字模型间的相互学习来进化自身，合理有效地调度资源或对相关设备进行维护。

数字孪生模型用以设计控制单元并进行测试，模拟如何生产以及操控设备。所有设备都运转完善后，数字模型就会交付给实体工厂进行实际生产。数字孪生技术作为一种可以应用于工业、农业、文化产业、科学研究、城市治理的新一代信息技术，在提升政府治理水平等方面表现出巨大的潜力。

8.2.2　数字孪生在工业数字化中的应用

在理论建设方面，可以为生产各阶段管理提供基于数字孪生的新思路和新方法，促进管理科学、运筹学与仿真技术、机器学习和大数据分析技术、物联网技术在规划、生产控制、流程再造情境下的交叉融合，推进面向生产制造领域的数字孪生研究发展。在实际应用方面，可以在工厂生命周期的各阶段，包括规划阶段、生产控制阶段、流程再造阶段，提供具体的数字孪生工厂构建方法，从而提高企业的管理水平和运营效率。数字孪生技术的应用对制造型企业如何快捷有效地应用工业物联网、仿真技术和工业大数据技术构建数字孪生工厂，提供具体的应用方法和实践案例，以推动数字孪生技术与工业生产更深度地结合。

目前，数字孪生技术在汽车、航空航天、工程机械等离散制造业的应用相对成熟，价值凸显。美国波音公司基于三维模型的数字化协同研制和虚拟制造技术实现了飞机的无纸化设计和生产，缩短了 70% 的研制周期，降低了 50% 的研制成本。西门子构建的安贝格数字化工厂，将企业现实和虚拟世界结合，从产品研发、管理、生产到物流配送实现了全过程数字化，大幅缩短产品生产周期，显著提高了生产效率。

8.2.3　基于数字孪生的 NX-MCD 构建方法

构建数字孪生系统，需要将实际物理系统的几何形状、材料特性、运动状态等信息进行数值化处理，生成与之相对应的数字模型。在计算机中快速复现真实物体的运动、变形、应力等情况，并能进行分析、仿真、优化和预测等操作。整体步骤概括为：

① 现场数据采集　通过 3D 扫描仪、激光扫描仪或其他数字化采集设备获取现场要素的三维数据。

② 数字化处理　将采集得到的三维数据导入 NX-MCD 软件，并进行数字化处理，例如进行三维重建和预处理等操作。

③ 创建机械模型　按照自动化生产线的设计要求以及各个工位所需要达到的生产目的，构建自动化生产线的数字模型。

④ 模拟与优化　利用 NX-MCD 软件的分析工具，对数字孪生模型进行各种仿真和优化，如有限元分析、流体分析、拓扑优化等。

⑤ 定义物理属性　定义刚体、碰撞体、运动副各种物理属性，确定生产线中各个部件之间的相对位置和运动关系。

⑥ 定义运动属性　基于定义的机械模型，创建各个运动部件的控制驱动，包括基于时间的控制和基于位置的控制，并赋予各个运动副相应的速度、位置、力矩等行为约束，使其能够按照正确的行为进行运动。

⑦ 定义几何模型　为了控制自动化生产线虚拟模型的运动，需要对各个运动副定义相应

的执行机构，包括位置控制、速度控制、反算驱动机构、传输面等，从而控制自动化生产线虚拟模型按照给定的数值进行运动。

⑧ 定义材料属性　将碰撞材料属性添加到碰撞体上，会改变碰撞体的仿真行为。定义碰撞材料，可以设置碰撞体的相互作用属性，例如动摩擦系数、滚动摩擦和恢复系数。

⑨ 定义传感器　生产线的运动必须要严格按照运动逻辑进行运动，因此需要定义对应的传感器，通过对位置、角度、时间等信号的触发，确定下一个机构的动作，从而使得整个的运动行为按照需要的运动方式进行运动。

⑩ 设置仿真参数　根据需求设置仿真参数，例如仿真时间、步长、网格精度等。

⑪ 进行仿真　上述步骤设置好后，启动数字孪生系统仿真，程序会自动对数字孪生模型进行相应的仿真处理，得到仿真结果。

⑫ 仿真分析和优化　根据仿真结果进行数据分析和视觉分析，选择合适的优化方案，重新进行加工制造或者其他设计调整。

8.3　工厂车间、生产线、设备三层级数字镜影技术简介

8.3.1　工厂车间数字镜影

数字化工厂伴随数字仿真技术和虚拟现实技术发展而来，是智能制造发展的重要实践模式，它通过对真实工业生产的虚拟规划、仿真优化，实现对工厂产品研发、制造生产和销售服务的优化和提升，是现代工业化与信息化融合的应用体现。

在数字镜影系统中，制造平台提供实时工厂运营数据，进行分析决策，提供有效的订单生产和品质追溯管理工具，提高企业制造运营管理水平，提高各部门协作能力，实现轻松管理可视，透过电子看板、监控界面，实时了解各车间生产等进度。图 8-4 所示为车间数字镜影示意图。

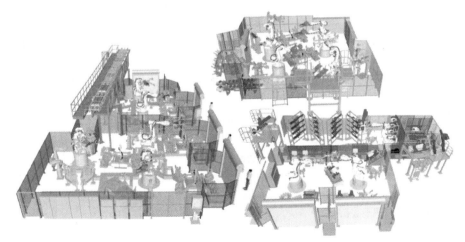

图 8-4　车间数字镜影

构建车间级数字镜影系统的大体思路是：首先进行车间级的数据采集，需要实时采集数据驱动仿真，循环读取数据传输到镜影系统中，从而驱动仿真实时运行；第二，需要对数字镜影模型进行建模，用来监控车间实时运行状态，各模型反映了对应设备的实时状态，如处于工作状态或故障状态，同时也可以反映设备的加工状态，如加工了多少工件等；第三，需要进行服

务平台的开发，来实现数据的显示效果。

8.3.2 生产线数字镜影

如图 8-5 所示，生产线数字镜影是利用产品的三维数字样机，对产品的装配过程统一建模，在计算机上实现产品从零件、组件装配成产品的整个过程的模拟和仿真。这样，在建立了产品和资源数字模型的基础上，就可以在产品的设计阶段模拟出产品的实际生产过程，而无须生产实物样机，使合格的设计模型加速转化为工厂的完美产品。

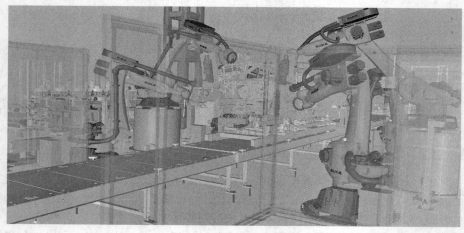

图 8-5　生产线数字镜影

生产线数字镜影基于 3D 生产线规划方案仿真，验证布局方案对产能影响分析；确定生产线极限产能；确定人员需求；仿真确定故障之后生产线的调控应对能力；评估不同生产方案以确定最优最切合实际的方案；确定最合适的生产策略；分析缓存、设备、人员利用率；考虑排产计划、设备、存储区设置以及生产纲领等因素进行综合评估并给出优化改善建议。通过对整个工厂进行仿真，可以及早发现规划中的缺陷和错误，使工厂规划质量得到保证，提高规划的效率和效果，预知未来工厂的运行状况和极限能力。

使用数字镜影技术进行生产线的虚拟调试能够简化当前从工程项目的工艺规划到车间生产整个周期的工作，该应用基于一个共同的集成数据平台，让各不同职责岗位的技术人员（机械、工艺和电气）参与实际生产区或工作站的调试。硬件调试功能应用——用户可以使用通信协议和实际机器人控制硬件去模拟验证真实的 PLC 代码，从而还原最逼真的虚拟调试环境。通常系统调试是创建或更改生产线过程中的最后一个工程步骤。在调试期间，由于控制代码通常只有在硬件就位后才会进行彻底测试，因此在修复软件程序错误上浪费了大量时间。

8.3.3 设备数字镜影

设备级数字镜影，通过三维建模，高度还原设备的外形、材质、纹理细节等精密显示细节以及复杂内部结构，实现高精度、超精细的可视化渲染；支持设备组态结构、复杂动作的全数据驱动显示，对设备位置分布、类型、运行环境、运行状态进行真实复现，不仅可以看到产品外部的变化，更重要的是可以看到产品内部的每一个零部件的工作状态，对设备运行异常（故障、短路冲击、过载、过温等）实时告警，辅助管理者直观掌握设备运行状态，及时发现设备安全隐患。通过对运行数据进行连续监测和智能分析，预测设备维护工作的最佳时间点，也可以提供维护周期的参考依据，有效提升设备级产品在设计、生产、维护及维修等环节的工作效能。

　　设备数字镜影包含两个方面。一是设备的数字模型建模，就是利用三维建模软件建立数字模型，然后导入数字化工厂系统中，存储为同一格式的文件供系统统一读取和处理。二是设备的布局设置，就是在虚拟的厂房环境中，将设备模型进行摆放，将设备的坐标存储于数据库中，输出统一格式的模型文件。通过集成视频监控、设备运行监测、环境监测以及其他传感器实时上传的监测数据，可实现设备精密细节、复杂结构、复杂动作的全数据驱动显示，对设备运行状态进行实时监测，真实再现生产流程、设备运转过程及工作原理，为设备的研制、改进、定型、维护、效能评估等提供有效、精确的决策依据。

**本章
总结**

　　本章作为对虚拟调试仿真的扩展，从数字镜影技术和数字孪生技术的定义出发，对数字镜影技术和数字孪生技术在工业数字化中的应用进行了介绍，并分别介绍了基于数字镜影和数字孪生的 NX-MCD 构建方法，最后介绍了工厂车间、生产线和设备三个层级的数字镜影技术。

参考文献

[1] 张明文, 王璐欢. 智能制造与机器人应用技术[M]. 北京: 机械工业出版社, 2020.

[2] 毛柏吉, 李文忠, 王晓峰等. 建设红旗焊装虚拟调试规范[J]. 汽车工艺与材料, 2020, (05): 60-64.

[3] 李金华. 中国绿色制造、智能制造发展现状与未来路径[J]. 经济与管理研究, 2022, 43(06): 3-12.

[4] 计诗轩. 机电一体化虚拟调试系统关键技术研究与实现[D]. 广州: 华南理工大学, 2023.

[5] 广州高谱技术有限公司.生产线数字化仿真与调试(NX MCD)[M]. 北京: 机械工业出版社, 2022.